音のチカラ

― 感じる，楽しむ，そして活かす ―

岩宮　眞一郎　著

コロナ社

まえがき
―「音のチカラ」に興味を持ってほしい―

本書のねらい ―「音のチカラ」を体系化したい―

私は，1971年4月に日本でただ一つ音響設計学科を有する九州芸術工科大学に入学し，「音」の専門家を志してきた。九州芸術工科大学で助手の職を得て以来，音響設計学科の教育の一端を担うとともに「音」の研究を続けてきた。2003年10月に九州芸術工科大学は九州大学と統合したが，2018年3月には定年のため九州大学を去ることとなった。学生時代を含めると，47年間，音響設計学科とともに過ごしたことになる。その間，いろいろな場面でのさまざまな「音」に興味を抱き，研究対象として深くつき合ってきた。

学生時代は伝統的な立場の「音響学」を中心とした教育を受けたが，人間との関わりに興味を抱き，「音響心理学」的立場の研究に従事する。その後，サウンドスケープの思想の影響を受け，音の持つ文化的，社会的側面にも興味を抱くようになる。さらに，映像や景観といった視覚情報と関わる「音」の問題にも取り組んだ。また，「音のデザイン」という新しい分野を提唱して，機械音の快音化やサイン音のデザインの研究を行いつつ，「音のデザイン」分野のプロモーションにも尽力してきた。このような研究に取り組むとともに，教員生活を通して音響設計学科を代表する授業の「聴能形成」を担当し，同僚の先生方と協力して，その継続と改善と展開に取り組んできた。

本書は，私が40年以上にわたって研究してきた成果を，「音のチカラ」を体系的に明示する目的で再構成したものである。「音のチカラ」とは，音が人間と関わり，影響を及ぼし，文化を創造させる「力」のことをいう。

本書の構成 ―「音のチカラ」の多様性を知ってほしい―

私たちが聞いている「音」は，空気の振動である。しかし，私たちにとって音はそれだけの存在ではない。音は，聴覚を通して脳で処理され，心に響く。私たちのまわりにはさまざまな音があり，人間との関わり方も多様である。音は，環境の構成要素であり，情報を伝えるメディアであり，文化の担い手でもある。音は，生活とともにあり，映画やテレビの世界にも存在する。私たちは，現実の世界でも，バーチャルな世界でも，さらには記憶の中でも，「音」を感じている。

私たちは，音からさまざまな情報を読み取っている。言葉の意味を理解し，音楽の美しさを感じることもできる。音によって環境の状況を知ることもできる。自然を感じる音や日常を彩る音もあれば，危険を知らせてくれる音もある。人間が築いてきた文化を象徴する音も少なくない。音は主役にもなり，脇役にもなる。主役であっても脇役にまわっても，私たちは「音のチカラ」を実感することができる。私たちはそんな音を楽しんでいる。そんな音のチカラを活かす術も多彩である。

私たちの研究室では，「音の世界」をさまざまな観点から研究してきた。特に，人間と音の関わり，人間の持つ音に対する感性を主たる研究対象としてきた。一連の研究を通して，「音のチカラ」を解明したいと思い続けてきた。本書は，私たちの研究室で解き明かしてきた「音のチカラ」を包括的に論じる書となっている。

本書では，私たちが感受している「音のチカラ」を体系的に理解していただくために，私たちが取り組んできた研究を6章構成にまとめた。各章は，「音の感性的側面に迫る」「製品音の快音化とその評価」「メッセージを伝えるサイン音のあり方を探る」「サウンドスケープ ― 音環境と人間の関わりを探る ―」「映像を活かす音のチカラ」「聴能形成 ― 音の感性を育成するトレーニング ―」といった内容を扱う。各章においては，私たちが取り組んだ研究内容や得られた研究成果の意義とともに，その研究テーマに至った経緯や背景，さらには研究を通して考えてきたことなどを述べさせていただいた。

なお，本書で紹介した私たちの研究の発表論文は，各章の最後に参考文献として掲載している。必要に応じて活用していただきたい。

読者へのメッセージ　―「音のチカラ」を理解してほしい―

音の世界に興味を持っておられる方には，本書により「音のチカラ」を理解し，音の世界の広がりと音に関わるさまざまな関連分野の深みをわかっていただけると思う。音を専門的に学んでみようという方には，本書は最適な紹介書となるだろう。特に，人間との関わりを持った音に関心を持っておられる方には，平易には記述しているが，本書の内容は音の感性に関わる最先端の研究分野を反映したものとなっている。

耳には蓋がない。私たちは，生きている限り，音を聞き続ける。私たちは，一生音とつき合うのである。日常生活で接する音はもとより，文芸の世界からマルチメディアまで，本書で扱う音の世界は幅広い。本書では，「音のチカラ」をいかに感じ，いかに楽しみ，いかに活かすのかを包括的かつ体系的に論じている。読者の方々には，本書を通して「音」というものがいかに私たちの生活と密着し，私たちに影響を及ぼしているかを理解していただきたい。本書によって，「音」に対する興味を深めてもらえれば本望である。

2017年12月

岩宮　眞一郎

目　　　次

1　音の感性的側面に迫る

2　製品音の快音化とその評価

3　メッセージを伝えるサイン音のあり方を探る

4　サウンドスケープ
― 音環境と人間の関わりを探る ―

5　映像を活かす音のチカラ

6 聴 能 形 成
— 音の感性を育成するトレーニング —

1 音の感性的側面に迫る

音のチカラは，人間の持つ音に対する感性によって創出される。本章では，音の３要素と呼ばれる「音の大きさ」「音の高さ」「音色（ねいろ）」から構成される音の感性的側面を対象に行ってきた研究を紹介する。「音の感性を科学する」との意欲を持って行ってきた一連の研究によって，音の感性的側面を体系的に明らかにするとともに，音のデザインに適用できる知見を得た。

1.1 音の３要素は，大きさ，高さ，音色

「音」という言葉には，空気の振動としての音の物理的側面の意味と，その結果として生じる人間の聴覚的印象としての二つの意味がある。「音の３要素」とは，聴覚的印象としての「音」が有する三つの側面を表す「音の大きさ」「音の高さ」「音色」のことである。音の３要素に，音の長さ，音の定位といった音の時間的，空間的側面を加えて，音の心理的な側面を表すこともあるが，長さ，定位といった性質は，聴覚に固有な性質ではない。音の３要素は聴覚に固有な性質で，音の感性的な側面を理解する上で重要な聴感覚を表したものである。

音の大きさは，その心理的性質も物理量との対応関係も比較的単純な性質である。身のまわりのさまざまな音は，感じられる「音の大きさ」に応じて直線上に並べることができる。つまり，「音の大きさ」は，「大きい–小さい」という反対の形容詞を両端とした尺度で表現できる１次元的な性質である。音の大きさは，音の持つパワー（あるいはエネルギー）と対応する。パワーが大きいほど音は大きくなり，パワーが小さくなると音は小さくなる。

音の高さ（ピッチ）の場合も，音の高さが明瞭である音に限るが，音の大きさの場合と同様に，「高い–低い」という尺度上に音を並べることができる。音の高さも1次元的な性質であるといえる。音の高さと対応するのは，純音の場合，周波数（1秒間に振動する回数）である。周期的な複合音の場合，基本周波数（一番低い成分の周波数）となる。音の高さにおいても，物理量との対応関係は比較的単純である。

ただし，音の高さには，直線的に上昇する側面とともに，楽器で音階を奏でたときに実感できるが，オクターブ上昇するとまた元に戻ったように感じる循環的なピッチ感も含まれる[1)†]。このような循環的な音の高さの感覚はクロマと呼ばれ，クロマにより楽器で音階を上昇（下降）させ続けると，直線的なピッチの上昇（下降）とともにグルグル回り続けるようなピッチ感が得られる。循環的なピッチ感がある分，音の高さは大きさよりも少し複雑な性質といえるだろう。また，ノイズのような音からはピッチは感じられないが，倍音で構成される音からははっきりしたピッチを感じることができる。「高い–低い」という感覚以前にピッチが感じられるか否かのレベルが存在する点，処理過程も若干複雑であると考えられる。一方，音の大きさの感覚は，音が聞こえれば必ず生じる感覚である。

「音の大きさ」や「音の高さ」と比較して，「音色」の性質はもっと複雑である。音色という聴覚的な性質は，大きさ，高さと違って，一つの尺度上に順番に並べること（1次元的に表現すること）はできない。音色を表現するためには，「明るさ」「きれいさ」「豊かさ」などさまざまな表現を必要とする。そのため，音色の違いを単一の尺度上に表すことができず，音色は多次元的であるといわれている。その多次元的な性質により，音色は音の感性的な側面の多くを担うことになる。

また，物理量との対応関係も複雑で，対応する物理量は一つではない。音色と対応すると考えられる物理量を列挙すると，スペクトル（パワー・スペクトル，位相スペクトル），立ち上がり，減衰特性，定常部の変動，成分音の調

---

† 肩付数字は各章末の参考文献番号を示す。

波・非調波関係（成分が倍音関係にあるか，倍音からずれているか），ノイズ成分の有無など多岐にわたる。これらの音響的性質（物理量）は，音色を区別する手がかりとなっており，手がかりが豊富であるがゆえに，私たちは多彩な音色を享受することができている。

さらに，音色の特徴として，なんの音であるかを聞き分ける「識別的側面」と音の印象を形容詞などで表現する「印象的側面」の二つの面があることがあげられる。これら二つの側面は，いずれも，私たちが音から感じる感性的側面を色濃く反映したものといえる。

1.2 音の大きさはパワーで決まる

音の大きさは，基本的には音の強さ（パワー）と対応する。音の強さが増せば音は大きく，弱まれば小さく感じられる。音の強さは音圧の2乗に比例することから，音圧（圧力の変化）の実効値（2乗平均値：2乗した上で平均値を計算し，平方根を取った値）を音の大きさと対応させることができる。しかし，圧力の単位で音の聞こえる範囲を表すと，非常に広い範囲に及び，音の大小の感覚ともうまく対応しない。むしろ，音圧の桁数とのほうが音の大きさとよく対応する。この対応関係をうまく表現する関数が「対数」である。そのため，音の大きさを見積もる尺度として，音圧を対数の関数で変換した「音圧レベル」が用いられている。音圧レベルは，$20\log_{10}(Pe/Pe_0)$ で定義される。Pe は音圧の実効値である。基準の実効音圧 $Pe_0=0.00002$ Pa（パスカル）は，最小可聴値にほぼ等しい値に定められている。音圧レベルの単位は，デシベル（dB）である。0 dB は最小可聴値（実際は，後述するように周波数に依存する）に近い値となる。音楽の強弱記号も，おおよそではあるが，音圧レベルと対応させることができる。p（ピアニシモ）で 60 dB 程度，f（フォルテ）で 80 dB 程度である。

ただし，音圧レベルは，聴覚の周波数特性を考慮していない尺度である。聴覚は 4 kHz 付近の周波数にはきわめて敏感であるが，周波数がそれより低くなっても高くなっても感度が低下する（聞こえづらくなる）。このような聴覚の周波数特性を模したフィルタでスペクトルを聴感補正した音圧レベルが，騒音レベルである（単位はやはり dB である）。聴感補正したことを明確にするために（あるいは「騒音」という用語を避けたいときに），A 特性音圧レベルと呼ぶこともある。身のまわりのさまざまな環境の騒音レベルは，非常に静かな環境で 30 dB，静かな事務室で 50 dB，普通の話声で 60 dB，交通量の多い道路で 80 dB 程度となっている。

さらに，聴覚の特性をきめ細かく考慮して，人間が知覚している音の大きさをより正確に見積もった尺度がラウドネス（音の大きさ）である。単位にはソーン（sone）を使う。ラウドネスは，聴覚の興奮パターン・モデルを用いて，各聴覚フィルタの出力を加算して音の大きさを求めたものである。音圧レベルの値は音の大きさの大小関係を表すのみで，80 dB の音は 40 dB の 2 倍大きいというわけではないが，ラウドネスは音の大きさの比例関係を表した尺度（比率尺度）で，2 sone の音は 1 sone の 2 倍の大きさに感じられる。

1.3 色が音の大きさに影響する

1.2 節で述べたように，音の大きさは一般的には音の強さ（パワー）を主たる要因として，音響特性によって規定される。しかし，視覚的要因など，音響的要因以外の要素の影響も受けることがある。各種の視覚的要因の中で，色彩が音の大きさに及ぼす影響が注目され，高速列車や自動車といった騒音源とされる乗り物の色を騒音が小さく感じられるような色にすることによって，騒音の心理的低減を図ろうとする試みも行われている。「緑」や「青」といった色は騒音の大きさを低減させ，「赤」は逆に騒音の大きさを増大させる効果があることなどが示されているが，色相や明度などの特性との対応関係は明確ではなかった。

私たちの研究室では，色彩が音の大きさに及ぼす影響を系統的な評価実験によって検討した[2)]。この研究では，プロジェクタに投影した色彩の違いが，ピンクノイズ（パワーが周波数に反比例する広帯域ノイズ：バンド当りのパワーが一定となる）の音の大きさに及ぼす影響を，音の大きさの評価実験によって明らかにした。

その結果，「赤」の条件で音は最も大きく感じられ，音の大きさは大きいほうから「赤」「白」「赤紫」「灰」「黄赤」「黄緑」「黄」「紫青」「紫」「緑」「青緑」「青」「音のみ」の順番であった。色彩条件の中では「青」が最も音を小さくする効果があった。この実験は明かりを消した条件で行ったので，最も音が小さく感じられた「音のみ」の条件は，実質「黒」の条件とも考えられる。

これらの結果から，音の大きさには色相と明度が関係することが示された。色相に関しては，赤に近いほど音が大きく，青や緑に近いほど音が小さく感じられるという傾向が示された。明度は高いほど音が大きく感じられることが示された。製品から出る騒音を軽減したいときには青や緑や暗い色にし，赤や明るい色は避けるべきであろう。スポーツカーのように派手な音が好まれる製品の場合には，赤や明るい色がふさわしい。

1.4 ほかの音の存在が音の大きさに影響する（マスキング）

ドライヤーや掃除機の音で，テレビの音が聞こえにくくなることはよく経験する。音がほかの音によって聞こえにくくなったり，聞こえなくなったりする現象を「マスキング」という。音の大きさは，ほかの音からのマスキングによっても変化する。BGM（background music）を流して話し声を聞きにくくしてプライバシーを確保するといった，マスキングの積極的な利用方法もある。マスキングの効果を利用すれば，BGMを流すことで騒音の煩わしさを軽減することも可能である。

私たちの研究室では，BGMと自然音を組み合わせた環境音楽を流すことによって，道路交通騒音の大きさを軽減できることを評価実験により明らかにした[3)]。この研究では，環境音楽を付加した場合と付加しない場合の道路交通騒音の大きさの比較実験を行った。この実験で得られた，環境音楽を付加した場合に道路交通騒音が小さくなったと判断した割合を，**図 1.1** に示す。図 1.1 中，縦軸の判断割合 50％は道路交通騒音の大きさが影響を受けないこと，100％はすべての判断が道路交通騒音の軽減効果を認めたことを意味する。その中間の 75％は，半分の判断が騒音の軽減効果を認めたことを示す。

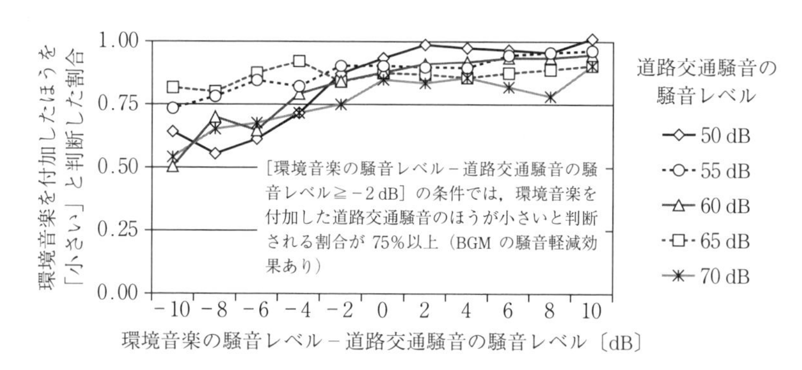

図 1.1　環境音楽を付加しない場合に比べて，付加した場合の道路交通騒音のほうが「小さい」と判断した割合

図 1.1 によると，「環境音楽の騒音レベル − 道路交通騒音の騒音レベル≧ −2 dB の条件」においては，道路交通騒音がいずれの騒音レベルの場合でも，環境音楽を付加した道路交通騒音のほうが小さいと判断される割合が 75％以上となっている。判断割合が 75％以上ということは，過半数の判断が環境音楽による道路交通騒音の軽減効果を認めているのである。

以上の実験結果より，環境音楽のレベルが道路交通騒音のレベルよりも 2 dB 低い条件でも，環境音楽のマスキング効果（軽減効果）が認められた。かなり小さいレベルで環境音楽を流しても，騒音の影響を軽減できるのである。

1.5　音の大きさの感覚には男女差がある

私たちの研究室では，音の大きさに対する感覚に，男女差があることを突きとめた。この研究では，音の大きさを「小さい - 大きい」という形容詞対による評価尺度を用いた評価実験を行って音の大きさを数値化し，音の大きさに対する感覚の男女差の比較を試みた[4]。実験の結果，音の大きさに対する感覚には男女差があり，同一の音に対する評価値は女性のほうが大きいことが示された。**図 1.2** に，さまざまな A 特性音圧レベルで提示したピンクノイズに対する音の大きさの平均評価値を男女別に示す。同じレベルの条件では，全般的に女性のほうが大きな評価値を与えている傾向が示されている。同じ音を聞いても，男性よりも女性のほうがより大きいと感じていることになる。

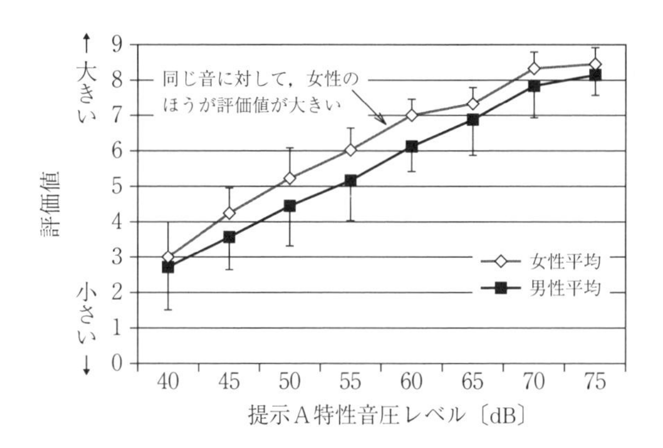

図 1.2　さまざまなレベルで提示したピンクノイズに対する音の大きさ評価の男女差（各データは平均評価値と標準偏差）

このことを確認するために，ピンクノイズを用いて，「音が大きい」と判断する最小の音量（これ以上だと大きい感じる），「音が小さい」と判断する最大の音量（これ以下だと小さいと感じる）を自分でボリュームを操作する実験で求め（A 特性音圧レベルで測定），男女間で比較した。その結果，**図 1.3** に示すように，いずれの音量も女性のほうが小さい（設定レベルが低い）ことが示された。

音圧レベルをしだいに上昇させたとき，女性が「大きい」と判断し始める音でも，男性はまだ「大きい」とは判断しない。音圧レベルをしだいに下降させたとき，男性が「小さい」と判断し始める音でも，女性にはまだ「小さい」とは判断しない。音量の増加に対して，女性は男性よりも小さい音量で「音が小

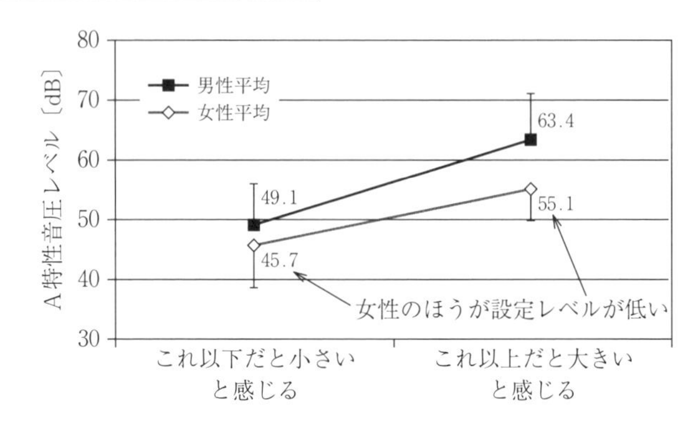

図 1.3　ピンクノイズに対して「音が大きい」と判断する最小の音量（これ以上だと大きいと感じる），「音が小さい」と判断する最大の音量（これ以下だと小さいと感じる）の男女差（A 特性音圧レベルで測定：各データは平均レベルと標準偏差）

さい」の範囲を超え，「音が大きい」範囲に達する。男性は女性よりも大きな音量まで「音が小さい」と判断し，「音が大きい」と判断し始める音量も女性よりも大きい。「音が大きい」とか「音が小さい」とか言葉で音の大きさを表現する場合の判断基準が男女で異なり，同じ音に対して女性のほうがより大きめの表現をする。この実験は日本人を対象として行ったものであるが，同様の実験を中国人の男女について実施しても日本人と同様の男女差が認められ，同じ音に対して女性のほうが音の大きさをより大きく感じていることが示された[5)]。

音の大きさ感覚の男女差は，音楽などの最適な聴取レベル（ちょうどよい音量）の男女差をもたらす。音楽再生音の音量を自由に「その音楽を楽しむための最適な音量に合わせる」という実験を行ったところ，**図 1.4** に示すように，男性のほうが女性よりも大きな音量（A 特性音圧レベルで測定）に合わせる傾向があった[6)]。男性は，女性よりも大きい音量で音楽を楽しんでいると考えられる。音楽だけではなく，公共的なアナウンスやサイン音の最適音量に関しても，男性のほうが大きい傾向が示された[7)]。最適な聴取レベルは，男性のほうが一般的に女性よりも高い。

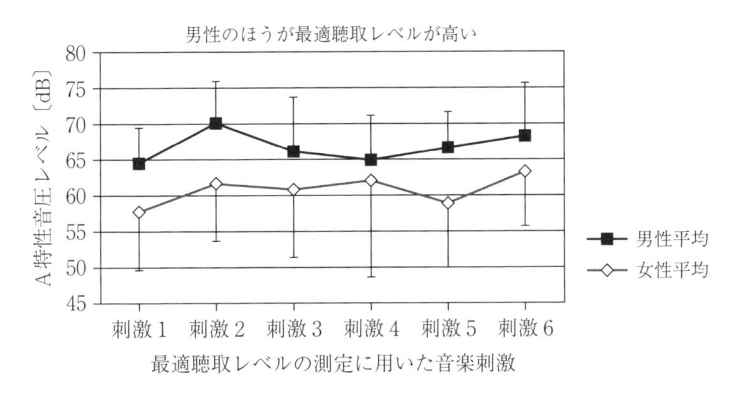

図1.4　音楽再生音の最適聴取レベルの男女差
（各データは平均レベルと標準偏差）

本節で紹介した私たちの研究で示したように，同じ音を聞いても，女性のほうが男性よりも大きく感じている。**図1.5**に示すように，女性が「ちょうどよい」と感じている音量は男性にとってはまだ「小さい」音量であり，男性が「ちょうどよい」と感じている音量にするためにはさらに音量を上げる必要がある。そのため，「ちょうどよい」と感じる音量（最適聴取レベル）は，男性のほうが上になる。そして，男性の最適聴取レベルは，女性にとっては，もう「大きい」音量なのである。

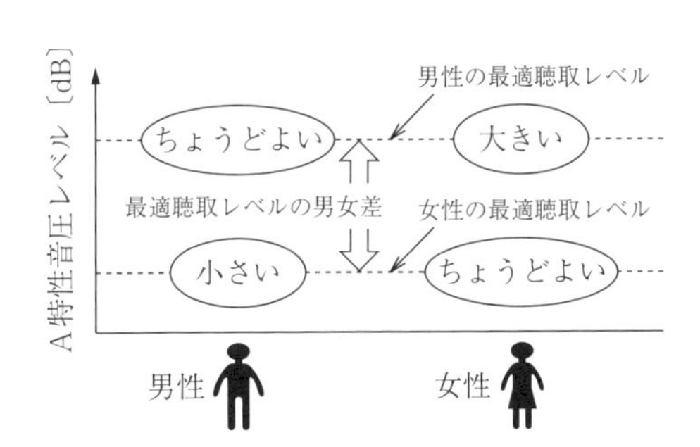

図1.5　音の大きさの感覚の男女差と最適聴取レベルの男女差の関係

1.6 音の高さは周波数で決まる

音の高さも「高い-低い」の1次元的な性質で，周期的な音からは安定した高さが感じられる。そして，高さは周波数（周期の逆数）と対応する。周波数成分が一つしかない純音の場合，周波数が増加するほど音は高くなる。周波数が減少すれば，音は低くなる。複数の成分で構成される周期的な複合音の場合には，最も低い成分である基本音の周波数が高さを決定する。周期的な複合音では，基本音のエネルギーが小さくても大きくても，極端な場合，基本音が欠如しても，高さは基本音の周波数に一致する。

なお，ノイズのような広帯域で連続スペクトル（スペクトル形状にとぎれがない）状の音からは，音の高さは感じられない。離散スペクトル（スペクトル形状がとびとび）の音においても，成分が調波関係（成分音の周波数が基本音の周波数の整数倍である関係）にない場合には，音の高さの感覚はあいまいになる。また，連続スペクトル状の音でも，狭い周波数範囲にエネルギーが制限された狭帯域ノイズからは，音の高さは感じられる。

1.7 変動音の高さの知覚

音楽演奏音などでは，周波数や振幅の変動を伴うのが一般的である。しかし人間は，これらの音を聞いたときに，高さの変動だけでなく，一定の「平均的な高さ」を知覚することができる。平均的な高さの知覚により，一定の高さを指示する音符に対しても，ビブラートのような高さを変動させる技法を用いることができる。

私たちの研究室では，時々刻々周波数や振幅が周期的に変化する音の平均的な高さがどのように知覚されるのかに関して，定常音の高さと比較する方法で検討を行った[8)]。その結果，振幅が一定で周期的な周波数変調音の場合には，高さは周波数変化の平均周波数付近に一致することが示された。ただし，周波数の変化範囲が広くなるほど音の高さはあいまいになり，高さが合っていると判断できる周波数範囲が広がってくる。

バイオリンなどの擦弦楽器にビブラートをかけた音は，胴体の鋭い共鳴特性に従って，成分ごとに周波数の変化に振幅の変化が伴う。共鳴特性がプラスの傾き（周波数が高いほど振幅が大きくなる）を持つ周波数の範囲では，周波数が上昇すると振幅が増大し，周波数が下降すると振幅が減少する。逆に，共鳴特性がマイナスの傾き（周波数が高いほど振幅が小さくなる）を持つ周波数の範囲では，周波数が上昇すると振幅が減少し，周波数が下降すると振幅が増大する。

このような周波数とともに振幅も周期的に変化する音（FM-AM 音）の高さは，周波数変調（周波数が周期的に変化）と振幅変調（振幅が周期的に変化）の位相関係に応じて変化する[9]。**図 1.6** に，周波数変調と振幅変調の位相関係と FM-AM 音の平均的な高さの関係を示すが，周波数変調と振幅変調が同位相の場合，すなわち周波数と振幅が同時に増加，減少する場合には，高さは周波

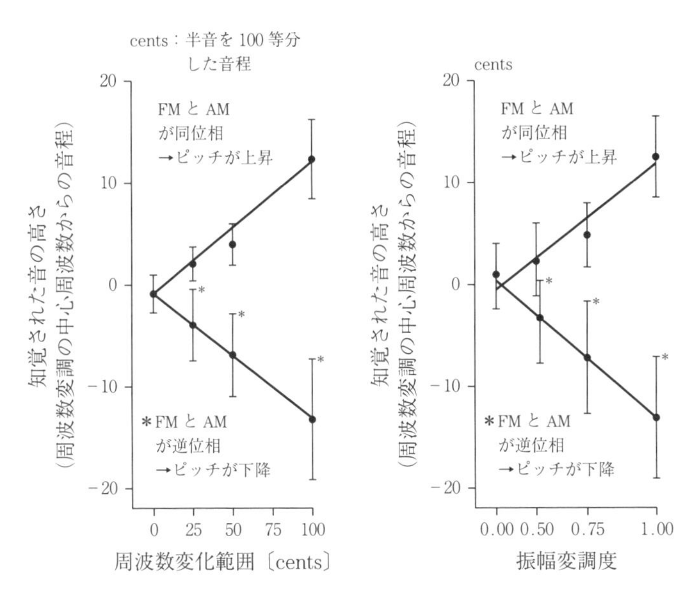

図 1.6　周波数と振幅が周期的に変化する音（FM-AM 音）における FM と AM の位相関係と FM-AM 音の平均的な高さの関係

数変化の中心（平均）周波数よりも高く知覚される。周波数変調と振幅変調が逆位相である場合，すなわち周波数が上昇するとき振幅が小さく，周波数が下降するとき振幅が大きくなる場合には，高さは中心周波数よりも低く知覚される。高さの変化量は，周波数変化範囲および振幅変調の深さ（振幅変調度）が大きくなるほど増加する。このような傾向から，周期的な変動音の平均的な高さは，音の高さの変動を大きさの変動で重みづけして平均することによって知覚されると考えられる。

1.8　音色の印象的側面と音色評価尺度

私たちは，音の印象を表現するとき，「明るい音」「暗い音」「澄んだ音」「濁った音」「迫力ある音」「もの足りない音」「しっとりした音」「乾いた音」のようにさまざまな言葉（形容詞，形容動詞など）を用いる。音色の印象的側面とは，形容詞や形容動詞で，音色の特徴を表現できる性質のことをいう。音色を表現する言葉は，必ずしも音の印象を表す言葉だけではない。むしろ，「明るさ」や「柔らかさ」のように，視覚や触覚などのほかの感覚の印象を表す表現語を利用した場合のほうが多い。

このような音の印象を表現した言葉のうち，反対の意味を持つ言葉を対にして音色評価尺度（両極尺度）を構成し，尺度上の数字でさまざまな音色の特徴を評価することができる。評価したい表現語に適当な反対語がない場合，「～ではない」といった否定語表現を利用して両極尺度を構成する。通常，5段階とか7段階の数値を当てはめ，中間の値はどちらの表現も当てはまらないニュートラル（中間的）な点と位置づけられる。**図1.7**に，7段階の音色評価尺度の例を示す。

私たちの研究室では，音楽再生系の周波数特性を系統的に変化させた場合の音色（音の印象）の変化を，音色評価尺度を用いた実験で検討し，各尺度に対して，**表1.1**に示すような傾向を得た[10)]。

この実験により，音楽再生系の低域を増幅させると「豊かな」「太い」印象

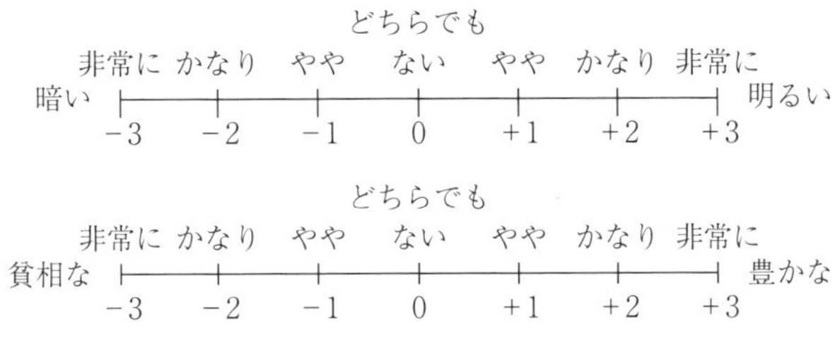

図 1.7　7 段階の音色評価尺度の例

表 1.1　音楽再生系の周波数特性の変化による各音色評価尺度上での印象の変化

太い－痩せている：低い周波数帯域を増幅すると太い，減衰すると痩せているという印象になる。高い周波数帯域を増幅すると痩せている，減衰すると太いという印象になる。
重い－軽い：低い周波数帯域を増幅すると重い，減衰すると軽いという印象になる。高い周波数帯域を増幅すると軽い，減衰すると重いという印象になる。
滑らかである－粗い：250 Hz を中心とする周波数帯域を増幅すると滑らかな，減衰するとやや粗いという印象になる。
クリアである－曇っている：2 kHz 以上の周波数帯域を増幅するとクリアである，減衰すると曇っているという印象になる。
のびやかである－のびやかでない：250 Hz 以下の周波数帯域を増幅するとのびやかである，減衰するとのびやかでないという印象になる。
アタック感がある－アタック感がない：4 kHz または 12 kHz を中心とする周波数帯域を増幅するとアタック感がある，減衰するとアタック感がないという印象になる。
明瞭である－明瞭でない：12 kHz を中心とする周波数帯域を増幅すると明瞭である，減衰すると明瞭でないという印象になる。
奥行きがある－奥行きがない：250 Hz 以下の周波数帯域を増幅すると奥行きがある，減衰すると奥行きがないという印象になる。
明るい－暗い：低い周波数帯域を増幅すると暗い，減衰すると明るいという印象になる。高い周波数帯域を増幅すると明るい，減衰すると暗いという印象になる。
豊かな－貧相な：250 Hz 以下の周波数帯域を増幅すると豊かな，減衰すると貧相なという印象になる。

になり，高域を増幅させると「明瞭な」「クリアな」印象になるなどの傾向が示された。変化させた周波数帯域の中では，125 Hz および 12 kHz の周波数帯域のエネルギーの増減の影響が顕著であった。同じ周波数帯域を増幅した場合は，おおむね減衰した場合と反対の意味の表現語の方向に音の印象が変化する。また，同じ周波数帯域を増幅した場合のほうが減衰した場合よりも，音色の変化が顕著であった。

1.9 音色の印象的側面は3次元

音色の印象を表す言葉を数え上げればきりがない。いくらでも列挙できる。多くの言葉で表現できることが音色の特徴ともなっている。しかし，それぞれの言葉がすべて独立した次元を構成しているわけではない。かなり似通った意味内容のものもあれば，二つの言葉の中間的存在といえるような言葉もある。音色の印象を表す言葉を統計的手法で分析した結果によると，音色を表現する言葉は，3ないし4次元程度の空間上の座標で表せることが示されている[11]。したがって，音色の印象的側面は，三つないし四つの独立した因子（音色因子）に集約できると考えられている。

代表的な「音色因子」は，「美的因子」「金属性因子」「迫力因子」といわれるものである。**図1.8**に，美的因子，金属性因子，迫力因子から構成される音色因子空間を示すが，各種の音色の印象の特徴は，音色空間上の布置（座標）で表すことができる。音色因子は，各種の音色の印象を表す言葉の性質を集約したもので，表現語と直接対応するものではないが，意味内容の近い表現語は存在する。美的因子であれば「澄んだ–濁った」「きれいな–汚い」，金属性因子であれば「鋭い–鈍い」「固い–柔らかい」，迫力因子であれば「迫力ある–もの足りない」「力強い–弱々しい」といった反対の意味を持つ音色表現語を組み合わせた表現語対が対応する。各因子の性質は，これらの表現語対の意味内容と同様である。

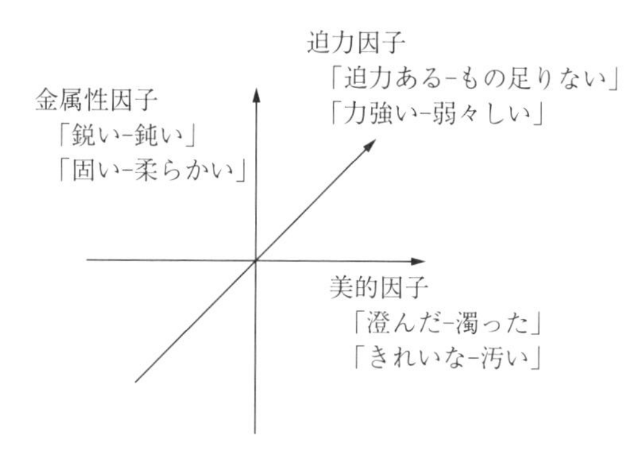

図1.8　美的因子，金属性因子，迫力因子から構成される音色因子空間

音色因子の特徴は，音響特性と対応させることができる。各種の音は，その

特性に応じて，音色因子軸上に並ぶことになる[12)]。

金属性因子は，スペクトル構造，特に周波数軸上での成分の分布と対応する。高域に強い成分を有する音は「鋭い」「固い」印象，低域に強い成分を有する音は「鈍い」「柔らかい」印象をもたらす。「鋭い」という言葉と「固い」という言葉は，同じ意味を持つわけではない。音の印象と音響特性との関係において，共通した傾向を示すということである。金属性因子は，高域へのエネルギーの集中の度合いと関連し，音質評価指標として提案されているシャープネス（sharpness）あるいはスペクトルの重心（各周波数成分のパワー×周波数/音全体のパワー）と対応する。

美的因子もスペクトル構造と関係するが，美的因子と対応するのは周波数軸上での成分の密度である。成分の密度が高く，成分と成分の間の周波数間隔が狭い場合，「きたない」「濁った」印象となる。逆に，成分の密度が低く，成分と成分の間の周波数間隔が広い場合，「きれいな」「澄んだ」印象となる。美的因子は，音質評価指標として提案されているラフネス（roughness：音から感じられる「あらあらしさ」）や協和性理論として体系化されている協和感（consonance）と対応する。

迫力因子は，音量とスペクトル構造に関係する。音量が大きく低域にエネルギーが豊富な音は，「迫力ある」「力強い」印象となる。音量が小さく低域にエネルギーを含まない音は，「物足りない」「弱々しい」印象となる。

1.10 音色の識別的側面は聞き分ける力

音色の識別的側面とは，音を聞いて，なんの音であるのか，どういう状態であるかがわかるということを表す側面である。音を聞き分ける，分類する側面といってもいいだろう。言葉でコミュニケーションできるのは，いろいろな発音を「聞き分けている」からである。また，言葉を聞き分けるだけではなくて，話している人を聞き分けることもできる。電話で声だけ聞いてだれの声かわかるのも，いろいろな人のしゃべり声を聞き分けているからである。楽器を聞いて，トランペットだとかバイオリンだとか聞き分けられるのも，音色の識別的側面によるものである。

音を聞き分けられる（識別ができる）のは，聞こえてきた「音」と記憶の中にある「音」を照合する過程による。私たちは，日常生活の中でさまざまな音を聞いて，それらの「音」を記憶している。そして，聞こえてきた音を，記憶の中にある音と照合させて，なんの音であるのかを判断する。聞こえてくる音は，実際には過去に経験し記憶している音と完全に同一ではない。しかし，その音を特徴づける性質がある程度一致していれば，私たちは「同じ種類の音である」と判断する。

例えば，「あ」という母音は，「あ」を記憶したときと異なる人が発音した「あ」を聞いたときにも「あ」と識別できる。しゃべる人が違えば，同じ「あ」でもその物理的特徴は異なる。しかし，「あ」という母音を特徴づける共通の性質を抽出できれば，「あ」と聞こえるのである。人間の聴覚には，そのようなパターン認識の機能が備わっている。それが，音色の識別的側面に反映されているのである。このようなことから，音色を識別する際のパターン認識過程は，あいまいな（ファジィ）パターン認識であるといえる（1.11 節，1.12 節参照)。

さらに，ある人の声を憶えたら，その人が過去にしゃべったことのないような話をしても，その人の声だと識別することができる。楽器の音でも，過去に聞いたことのないメロディを演奏しても楽器の識別ができる。こういう技ができるのは，私たちに記憶の中の音から音のイメージを再構成する能力があるからである。イメージの世界で，お気に入りの楽器を使って，お気に入りのメロディを奏でさせることもできる。思いを寄せる人に告白させることもたやすいことである（声を知っている場合に限るが)。

音の記憶とは，その音を特徴づけるパターンの記憶なのである。私たちは，そのパターンを別の状況に置いたとき，どんな音になるのかをある種の補間機能を用いてイメージする機能を持っている。その機能のおかげで，知っている楽器なら，好きな曲のメロディをイメージすることができるのである。そのため，楽器がなくても（極端な場合，耳が聞こえなくても），イメージができればば作曲が可能なのである。

ただし，だまされることもある。音の持つ特徴を巧みに模倣すれば，本物の音でなくても，本物と判断してしまう。「ものまね芸」が成り立つのは，このような聴覚の特性があるからである。博多華丸が得意とする児玉清や川平慈英のものまねのように，多くのものまね芸人は他人になりすまし，本人が言ったことがないことを言いそうな言い方でしゃべることができる。それでも本人が言ったとしたらそんな感じだろうと私たちが認識できるので，ネタが成立するのである。ものまね芸を支えているのは，私たちが持っている音のイメージを再構成する能力なのである。

ものまね芸人は，「本人らしさ」を分析してものまねフィルタを形成し，そのフィルタを通して自由な会話を行う。その過程は，私たちが記憶の中の音を再構成するプロセスそのものである。ものまね芸人は，「本人らしさ」を形成する特徴を把握する能力に優れた分析家なのである。

「らしさ」を形成する特徴は，楽器にとっても重要な要素である。楽器の「らしさ」を出すためには，スペクトル構造をまねただけでは十分ではない。かつて，電子オルガンでそのような試みがなされたが，元の楽器とは似ても似つかない音となってしまった。楽器音の立ち上がり，過渡特性，ゆらぎ，ノイズ成分といった偶発的な要素が楽器の「らしさ」に大きな貢献をしている。

一方で，「らしさ」さえ備えていれば，相当劣化した音でも楽器を聞き分けることができる。サキソホーンの音は，コンサートホールで聞いても，小型のトランジスタラジオで聞いても，大きさ，高さに関わらず，サキソホーンの音に聞こえる。リセとウェッセルは，それを「音色の恒常性（あるいは不変性）」と呼んだ[13)]。「音色の恒常性」は，音色の「らしさ」にほかならない。ものまね芸人は，分析を意識した総合を実践して，「らしさ」の本質に迫っているのである。

音の識別を行うために，私たちはさまざまな音を記憶している。このようなさまざまな音を識別するためには，相当数の音響的手がかりを必要とする。音色は，対応する物理量が豊富で複雑なため，多種多様な識別カテゴリーに対応できる性質なのである。

1.11 音色の識別的側面に対するファジィ集合モデルの適用

音色の識別過程は記憶の中の音とのあいまいな照合によって行われるが，あいまいな照合は記憶の中の音が一種の「ファジィ集合」を形成していることに基づいているのではないかと推論できる。ファジィ集合とは，1965 年にカリフォルニア大学バークレー校のロトフィ・ザデーによって提唱された概念である。従来の集合論が所属しているかいないかがはっきりした「整数」や「男」などの集合にしか適用できないのに対して，「大きな数」とか「美しい女性」など所属のはっきりしない集合を数学的に取り扱うことを目的としてファジィ集合論が誕生した。

1.10 節で，音色の特徴として多くの音響的性質が関与し，そのことで多くの音色の識別が可能であることを述べた。このような複数の音響的性質に基づく音色の識別過程には，ファジィ集合モデルの適用が可能であると考えられる。私たちの研究室では，音色の識別過程に対して，ファジィ集合モデルの適用を試みた[14)]。この研究では，ある音のファジィ集合に属する度合（メンバーシップ：帰属度）と音を聞き分ける手がかりとの対応関係を実験によって求め，ファジィ集合モデルによって識別過程をモデル化した。音を聞き分ける手がかりとしては，音のスペクトル形状と倍音の立ち上がり時間差を対象とした。

まず，スペクトル形状の異なる三つの基準音を繰り返し聞かせて，三つの基準音が完全に区別できるように学習させた。つぎに，倍音ごとに音圧レベルを増減してスペクトルを系統的に変化させた刺激音（基準音を含む）を提示して，三つの基準音のうちどれであるのかを回答させた。各倍音間の立ち上がり時間差を手がかりとした条件でも，同様の実験を行った。各刺激音がそれぞれの基準音であると判断された割合を，**図1.9**（a）に示す。当然の結果ではあるが，スペクトル形状と倍音の立ち上がり時間差のいずれを手がかりにした場合も，正解である基準音に対する回答割合が最も高い。また，基準音と音響特性が似ている音に対しては，基準音ほどではないにせよ，かなりの回答割合がある。そして，音響特性が基準音と異なる程度が大きくなるにつれて回答割合が低下する。その結果，回答割合は基準音を中心とした山形のパターンを描く。この結果は，基準音を聞き分ける過程が，あいまいなパターン認識をしている結果と考えられる。本物の基準音は基準音らしく聞こえるが，音響特性の

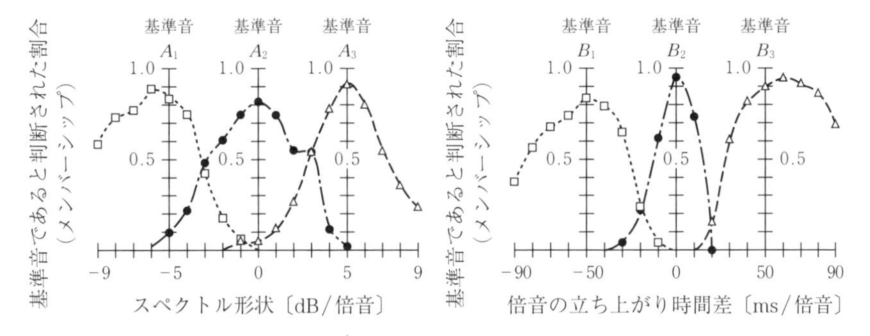

（a） スペクトル形状と倍音の立ち上がり時間差のいずれかが手がかり

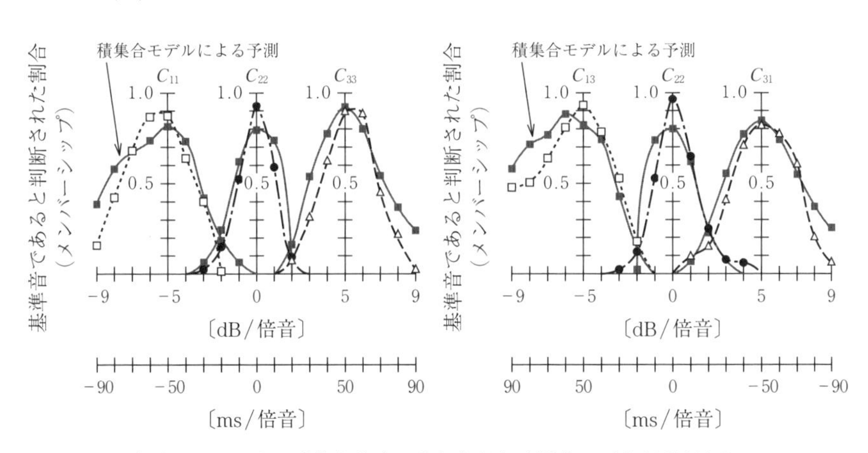

（b） スペクトル形状と倍音の立ち上がり時間差の両方が手がかり

図1.9 各刺激音がそれぞれの基準音であると判断された割合：各基準音ファジィ集合に対するメンバーシップ（帰属度）

類似した音も，ある程度基準音らしく聞こえるのである。

さらに，スペクトルを系統的に変化させた基準音3種類と各倍音間の立ち上がり時間差を変化させた基準音3種類の各特性を組み合わせて作成した三つの基準音を用いて，同様の手続きで識別実験を行った。三つの基準音の作成は，2通り行った。それぞれの条件下で，各刺激音がそれぞれの基準音であると判断された割合を，図1.9（b）に示す。回答割合が基準音を中心とした山形パターンになる傾向は，図1.9（a）で示した手がかりが単一の場合と同様であるが，いずれの条件においても，手がかりが重複した場合のほうが山形が鋭くなっている。この傾向は，音響的手がかりを増やしたほうが，音色の識別分解能が鋭くなることを意味する。音色の識別があいまいなパターン認識に基づくことに変わりはないが，そのあいまいさのレベルは低くなるのである。

図1.9（b）に示す識別の様子は，ファジィ集合モデルを用いて解釈することができる。基準音であるとの回答割合は，基準音らしさの度合（メンバーシップ）とみなすことができる。各刺激音に対するメンバーシップの様子をスペクトルまたは立ち上がり時間差のいずれかを手がかりにした条件と両方を手がかりにした条件（2系列ある）で比較すると，前述したように両方の手がかりを用いたほうが鋭い分布になっている。音を識別する際に手がかりが多いほうがその特徴がより明確になり，ほかの音との区別がはっきりし，より明確に基準音らしさが捉えられたものと考えられる。

両方の手がかりを用いて形成される基準音らしさのファジィ集合 C は，いずれか一方を手がかりとした A と B の積集合となる。ファジィ積集合 C の各要素に対するメンバーシップは，A と B のメンバーシップのいずれか小さいほうに等しい値を取る（「ミニマム規則」と呼ばれている）。

図1.9（b）では，積集合による予測を行った結果（実線）を識別実験結果（破線）と比較している。予測に比べて実験結果のメンバーシップの分布が鋭くなっているところもあるが，ほぼ予測されたような傾向が得られた。このように，音の識別過程は，ファジィ集合を用いてモデル化することができるのである。

1.12 楽器の分類もファジィな分類である

1.11 節で音の識別過程にファジィ集合の適用が可能なことを示したが，打楽器とか管楽器といった楽器の種類の聞き分けにもファジィ集合の適用は可能なものと考えられる。私たちの研究室では，楽器音のイメージを分類させる実験を行い，その結果をファジィ・クラスタリング（ファジィ・クラスタ分析）という手法を用いて，さまざまな楽器に対して私たちがどのような分類をしているのかを検討した[15]。実験で対象とした 26 種類の楽器をファジィ・クラスタリングにより 6 種類の楽器クラスタ（グループ）に分類した結果を，**図 1.10** に示す。ファジィ・クラスタリングでは，各楽器の各クラスタへの帰属の度合いを 0 ～ 1 のメンバーシップの値で表す。メンバーシップが 1 に近い楽器は明確にクラスタ（この実験では楽器の種類に相当する）に所属する楽器で

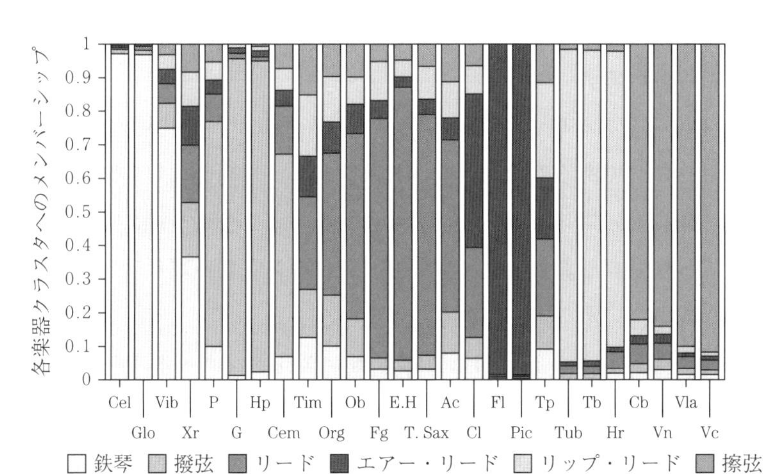

Cel：チェレスタ，Glo：グロッケンシュピール（鉄琴），Vib：ビブラフォン，Xr：シロホン（木琴），P：ピアノ，G：クラシック・ギター，Hp：ハープ，Cem：チェンバロ，Tim：ティンパニー，Org：オルガン，Ob：オーボエ，Fg：ファゴット，E.H：イングリッシュ・ホルン，T. Sax：テナー・サックス，Ac：アコーディオン，Cl：クラリネット，Fl：フルート，Pic：ピッコロ，Tp：トランペット，Tub：チューバ，Tb：トロンボーン，Hr：ホルン，Cb：コントラバス，Vn：バイオリン，Vla：ビオラ，Vc：チェロ

図 1.10　楽器音のイメージのファジィ・クラスタリング（アミの濃淡で示す各領域の長さがそれぞれのクラスタのメンバーシップを表す）

あるが，メンバーシップの低い楽器の所属はあいまいである。図1.10では，各クラスタを異なるアミの濃淡で表し，縦方向のアミの濃淡の長さが各楽器の各クラスタに対するメンバーシップを表す。

各クラスタは楽器の種類に相当するが，その性質はメンバーシップの高い楽器群によって解釈できる。そのような解釈によると，各クラスタはグロッケンシュピールやチェレスタのメンバーシップが高い鉄琴類，ギターやハープシコードのメンバーシップが高い撥弦（弦をつま弾く）楽器類，イングリッシュ・ホルンやファゴットのメンバーシップが高いリード（木管楽器のうち，リードの振動を音源とする）楽器類，フルート，ピッコロのメンバーシップが高いエアー・リード（木管楽器のうち，息を吹きつけて管を共鳴させる）楽器類，チューバやトロンボーンのメンバーシップが高いリップ・リード（唇の振動を音源とする）楽器（あるいは金管楽器）類，バイオリンやビオラのメンバーシップが高い擦弦（弓で弦を擦って音を出す）楽器類のクラスタであると考えられる。このような分類は，従来の楽器学による楽器分類と，ほぼ対応したものとなっている。

図1.10によると，シロホンは鉄琴類のクラスタにメンバーシップが高いが，実際には「木琴」であるので，グロッケンシュピールやチェレスタのような典型的な鉄琴類ほどにはメンバーシップは高くない。このことにより，同じクラスタとして分類されることを示しつつも，シロホンが鉄琴類とは少し異なるイメージを持たれていることがわかる。

リード楽器類のクラスタに対しては，イングリッシュ・ホルン，ファゴット，テナー・サックスなどのメンバーシップが高いが，オルガンの場合も発音機構が同一の音を含み音色も似ているためメンバーシップはある程度高い。また，クラリネットはリード楽器でありながら，リード楽器類よりエアー・リード楽器類のクラスタに対するメンバーシップが高い。クラリネットはフルートなどと近い楽器とイメージされているようである。

ファジィ・クラスタリングの適用により，楽器分類のあいまいな部分を可視化することができた。ファジィ集合は，あいまいさを含む音色の識別過程をモデル化するツールとして有効なものと考えられる。

1.13 擬音語は音の感性を伝える言葉

私たちは，日常生活で耳にした音について述べるとき，「皿がパリンと割れた」とか「犬がワンワンと鳴く」といった表現をする。これらの表現で用いられる「パリン」や「ワンワン」のように，音を言葉で直接的に表現したものを擬音語という。擬音語とはオノマトペ（オノマトペは，擬音語とともに「ぬめぬめ」「つるつる」「ぴくぴく」など，音以外の状態や心情を表す擬態語や擬情語なども含む用語）の一種で，さまざまな音を模倣して作られた言葉のことを指す。実際に鳴っている音は，擬音語表現とまったく異なる音なのであるが，擬音語で表現されるとリアリティを持った音感覚が得られる。

日本語には，ほかの言語に比べて擬音語が豊富に存在するといわれている。日常生活においても，音を手軽に表現，伝達する手段として多用されている。俳句や短歌，マンガなどでも頻繁に使用され，重要な表現手段の一つとなっている。特に，音のないマンガの世界において映画並みのリアリティを表現する手法として，擬音語は重要な役割を担っている。擬音語の意味や使い方を紹介した擬音語辞典も存在するなど，擬音語は日本語の一部として認められている。

擬音語は音に対する感性的な側面を反映した存在で，音質の評価や音のデザインなどさまざまな用途への適用が可能である。

機械から異音が聞こえてきたとき，その特徴は擬音語で表現できる。その擬音語表現から，異音の発生原因もある程度特定できる。急激に減衰する音には「コチ」「カチ」など閉鎖音（息の流れを遮断して発音される子音で，破裂音ともいう）を含む擬音語表現が用いられ，残響を持つ音には「コン」「キン」など撥音（ン）を含む表現が用いられる。また，うなり音の振幅変動を表現するためには，「コロコロ」「ゴロゴロ」など閉鎖音と流音（ラ行の音）の組み合わせが利用される。

家電製品などから発せられるサイン音のデザインに，擬音語を利用することも有効である（3.3節で紹介する）。家電製品のマニュアルに「1キロヘルツの純音が鳴ったら…」と書いても，だれも理解できない。「ピーと鳴ったら終了です」とか，「ブーと鳴ったら消してください」と，擬音語を使って説明するのが一般的であり，わかりやすい。擬音語の特徴と音響的特徴の対応関係の知見があれば，サイン音のデザインに活かすこともできる。

私たちの研究室では，擬音語表現の特徴と表現された音の音響的特徴との関係を明らかにしてきた[16)]。擬音語表現は，音色の印象的側面と対応づけることも可能である。例えば，母音「i」が用いられる擬音語表現で表される音は，一般に「明るい」「鋭い」といった印象が持たれる。このような音は，高周波数帯域に主要なエネルギーを有する。「i」の音は，日本語の5母音の中でスペクトルの重心（あるいはシャープネス）が最も高い音である。「明るさ」「鋭さ」といった音の感性的側面を表現するのにふさわしい音といえる。「キー」のように表現される音は「鋭い」印象を有し，高域成分の豊富な音である。逆に，「鈍い」「暗い」といった印象を喚起し，低い周波数帯域に主要なエネルギーを有する音には，日本語の5母音の中でスペクトルの重心が最も低い母音「o」が擬音語に用いられる。「モー」とかいう表現が用いられる音は，「暗い」印象を有し，低域成分の豊富な音である。「鈍い」「暗い」だけではなく，「濁った」「力強い」といった印象を喚起する音には，「ガ」や「ザ」など濁点を含む有声子音を使った擬音語表現が用いられる。そのためであろうが，洪水などの災害時のインタビューで「ゴーという音がして…」などと，その洪水のすごさが語られる。また，怪獣の名前には「ゴジラ」「ガメラ」「キングギドラ」など濁音が用いられ，名前からも力強さを感じさせている。

私たちの研究室ではさらに，子音＋母音＋語尾（撥音「ン」，促音「ッ」，長音「ー」）からなるさまざまな擬音語に対して想起される音に対しての印象評価実験を行い，擬音語の音韻的特徴と音色の印象的側面（形容詞などで表現できる音の印象）の関係を体系的に明らかにした[17)]。**表1.2**は，この研究で得られた擬音語で用いられる音韻的特徴と音の印象の関係を，美的因子（きれいな-

表 1.2　擬音語表現の音韻的特徴と音色の 3 因子に関わる印象の関係

音韻	カテゴリー	美的	迫力	金属性
子音	カ行	−0.43	−0.36	+0.58
	サ行	+0.24	−1.05	+0.09
	タ行	+0.19	−0.29	−0.32
	ナ行	+0.90	−0.06	−2.11
	ハ行	−0.04	−0.58	−0.12
	マ行	+0.64	+0.14	−1.59
	ラ行	+1.59	+0.12	−1.68
	ワ行	−0.39	+1.82	−1.36
濁音・半濁音	清音	−0.43	−0.36	+0.58
	濁音	−2.60	+2.81	−0.14
	半濁音	+0.03	+0.21	−0.02
拗音	なし	−0.43	−0.36	+0.58
	あり	−0.06	−0.39	+0.57
母音	/a/	−0.43	−0.36	+0.58
	/i/	−0.19	−1.02	+0.92
	/u/	+0.16	−0.61	−0.17
	/e/	−0.10	−0.61	−0.09
	/o/	+0.08	−0.30	−0.36
語尾	撥音（ン）	−0.43	−0.36	+0.58
	促音（ッ）	−0.53	−0.50	+0.62
	長音（ー）	−0.71	−0.22	+0.48

美的因子
＋側：きれいな
−側：汚い

迫力因子
＋側：力強い
−側：弱々しい

金属性因子
＋側：鋭い
−側：鈍い

汚い，澄んだ-濁った），迫力因子（重い-軽い，力強い-弱々しい），金属性因子（鋭い-鈍い，固い-柔らかい）に集約して示したものである。表中の各数値の値が高いほど，その因子で表現される印象が強いことを意味する。数値の正負は，因子の両極と対応する。例えば，美的因子だと，正方向は「きれいな」，負方向は「汚い」などの印象と対応する。表 1.2 によると，擬音語に「ガ」「バ」といった濁音が含まれると −2.60 と負の値になることから「汚い」「濁った」印象，「リ」「ル」といったラ行の子音を含むと +1.59 と正の値になるので「きれいな」「澄んだ」印象を持たれることがわかる。濁音は迫力因子との関連も強く，濁音を含む擬音語表現で表された音は +2.81 となり，「力強い」「重い」印象の音でもある。ワ行の子音が使われた擬音語で表現された音も +1.82 と，同様に「力強い」印象の音である。逆に，サ行の子音で表現される音は－1.05と，「弱々しい」「軽い」印象の音である。金属性因子においては，カ行の子音は＋0.58，母音「i」は＋0.92と正の値であり，これらの音韻で表現された音は「鋭い」「固い」印象であることがわかる。ナ行の子音は－2.11，母音「o」は－0.36と金属性因子に対して負の値であるので，これらの音韻で表現された音は「鈍い」「柔らかい」印象を生じさせる。

私たちの研究室では，擬音語の音韻的特徴と音色の識別的側面（なんの音であるのか）の対応関係にも取り組んできた[18),19)]。この研究では，さまざまな擬音語に対して，想起される音を自由に記述する実験を行った。擬音語で用いられる音韻は，爆発，衝突，打撃，空気の流れなど，さまざまな現象と対応されている。「カン」「コン」といった閉鎖音を含む擬音語は，なにかを叩いた音を想起させる。「カン」は木材などを叩いた音を想起させるが，濁音を用いた「ガン」になると岩，石，金属を叩くあるいはこれらが衝突した音を想起させる。「パン」「バン」といった擬音語になると，破裂，爆発を想起させる。この場合も濁音を用いた「バン」のほうが大きい爆発規模を表現する。音色の印象的側面でも，濁音はより力強い印象を想起させることから，より大きな音を連想させるものと考えられる。「シュン」「ヒュン」といった拗音（小さな仮名を用いて表される音節）が用いられた擬音語は，風切り音のような空気の流れによる音を想起させる。

1.14 音が美的感性へアピールするチカラを音のデザインに活かす

今日，「デザイン」はさまざまな分野を包含する。一般によく知られた分野の一つが，自動車や家電製品などの工業製品を対象とした「プロダクト・デザイン」であろう。電車の乗り換えや非常口などの位置情報を表示した標識をデザインする「サイン・デザイン」，公園などの美しい景観を造る「ランドスケープ・デザイン」，公共空間を対象とした「パブリック・デザイン」なども，デザイン領域として広く認知されている。映像メディアの内容をデザインするという意味の「コンテンツ・デザイン」と呼ばれる分野も存在する。最近では，高齢者や障がい者に配慮した「ユニバーサル・デザイン」の必要性も求められている。美しい景観や歴史的な街並みの保全活動も，広い意味でデザイン活動の一部といえるだろう。

これらのデザイン領域は，多くの場合，視覚に関するデザインとして認知されている分野である。このような視覚に関するデザインにおいては，美的感性へのアピールに対する重要性は広く認められている。デザインに見合う付加価値も，十分に理解されている。多少高価であってもデザインの優れた商品への需要もある。

ただし，一般にはあまり意識されていないが，各種のデザイン分野は，なんらかの形で「音」に関わっている。そのような状況のもとに，「音のデザイン」が必要とされることが意識され始めた[20]。

自動車などの工業製品の多くは，意図して出そうとしているわけではないが，なんらかの音を発生する。ユーザの感性に訴える製品を作り出すためには，不快な音を抑制するとともに，出てきた音の質にもこだわった製品を作らなければならない（2章参照）。

サインとしての機能を担うのは，視覚的なサインだけではない。音でメッセージを伝える「サイン音」も，家の中でも屋外でも多数存在する。こういったサイン音を効果的に活かすためには，最適なデザインが必要とされる（3章参照）。

景観や空間には，必ず音が存在する。その音環境をないがしろにしては，魅力的な景観や空間のデザインはできない（4章参照）。魅力的な景観や空間を創成するためには，サウンドスケープ・デザイン（音環境デザイン）が必要とされる。バーチャルな環境の映像メディアも，実環境と同様に音を適切にデザインしないと，良い作品は生まれない（5章参照）。

また，音環境においても，高齢者や障がい者に配慮すべき問題は多い。高齢化社会を迎え，環境のバリアフリー化が求められる。音のユニバーサル・デザインの発想は，今日の社会的要請によるものである。

音が美的感性へアピールするチカラは，決して視覚情報に劣るものではない。だが，視覚に訴えるさまざまな情報に比較すると，目には見えない「音のチカラ」は一般にはそれほど意識されてはいない。しかし，ユーザの感性にアピールする音づくりへの挑戦は，すでに各方面で実践され始めている。音の感性的側面に迫る研究のニーズも高まっている。最初に述べたデザインの諸領域においても，感性に訴える音のデザインの導入で，デザインの効果をより高めることができる。音のチカラをデザインに活かすことが求められる。

むすび ― 音の感性を科学してきた ―

私たちの研究室では，一貫して音の感性的な側面に関わる研究を行ってきた。本章で詳しく述べた「音色」という音の性質は，私が指導を受けた（故）北村音一先生（九州芸術工科大学名誉教授）が精力的に研究してこられたテーマで，私の研究の原点といえるテーマである。次章以降に詳しく述べるが，音色が関わる対象は幅広く，楽器やオーディオといった音楽演奏に関わるものから，2 章で述べる機械騒音や 3 章で述べるサイン音，あるいは 4 章で述べる環境の中の音などあらゆる音と関連し，私たちの研究室でも多彩な音色の研究を行ってきた。次章以降で詳しく紹介するが，研究の多くは 1.14 節で述べた「音のデザイン」への適用を視野に入れたものである。

研究テーマとして「音のデザイン」を強く意識していたのは，私が属してきた九州大学芸術工学部の環境と関連する。芸術工学部には，プロダクト・デザイン，パブリック・デザイン，ユニバーサル・デザイン，グラフィック・デザイン，サイン・デザイン，コンテンツ・デザイン，建築デザイン，ランドスケープ・デザインなど，さまざまな視覚領域のデザインの専門家が在籍していて，高次のデザインを目指した教育研究を行っている。音響の分野でのデザイン活動というと，ホールの音響設計あるいは楽器のデザインなどであると一般に認識されている。しかし，音のデザインが関わる領域は，それだけにはとどまらない。もっと密接に視覚領域のデザインと関連する分野も多くある。そんな思いに自然と駆り立てられ，「音のデザイン」に関連した研究を行うようになった。

私は，音のデザインに関わる研究成果を踏まえ「音のデザイン ― 感性に訴える音をつくる ―」（岩宮眞一郎著，九州大学出版会，2007）を出版し，音のデザインのあり方について包括的に論じてきた。また，音響サイエンスシリーズの第1巻として，「音色の感性学 ― 音色・音質の評価と創造 ―」（岩宮眞一郎編著，コロナ社，2010）の編著も行った。この著書は，「音色」に関して得られている知見を集大成したもので，幅広く活用していただいている。私の研究室での研究活動やこれらの著書の出版により，音の感性的な側面と音のデザインの有効性をアピールできたと思っている。音響学の一般書として出版した「図解入門 よくわかる最新音響の基本と仕組み　第2版」（岩宮眞一郎著，秀和システム，2014）でも，音の感性的な側面や音のデザインに関してはかなりのボリュームをさいた。

参　考　文　献

1）ロジャー・N・シェファード著，ダイアナ・ドイチュ編，寺西立年，大串健吾，宮崎謙一監訳：音楽の心理学（下），第11章　音楽における高さの構造，419-475，西村書店（1987）

2）Ki-Hong Kim, Aiko Gejima, Shin-ichiro Iwamiya, and Masayuki Takada：The effect of chroma of color on perceived loudness caused by noise, Proc. of inter-noise 2011, No. 429432（2011）

3）金　基弘，城島隼人，高田正幸，岩宮眞一郎：環境音楽による道路交通騒音の心理的軽減効果，メディアと情報資源，**23**，2，29-34（2017）

4）Mariko Hamamura, Manami Aono, and Shin-ichiro Iwamiya：The difference of perceived loudness of sounds between men and women, Proc. of inter-noise 2015, in15_707（2015）

5）王　嘉鳴，青野まなみ，濱村真理子，岩宮眞一郎：中国人における音の大きさ評価の男女差，聴覚研究会資料，H-2016-25（2016）

6）濱村真理子，岸上直樹，岩宮眞一郎：音楽再生音の最適聴取レベルにおける男女差，日本音響学会誌，**69**，10，525-533（2014）

7）濱村真理子，青野まなみ，岩宮眞一郎：最適聴取レベルと音の大きさ評価における男女差—BGM，サイン音，アナウンス，自然環境音を対象として—，日本音響学会誌，**70**，2，65-72（2015）

8） Shin-ichiro Iwamiya, Kyohei Kosugi, and Otoichi Kitamura：Perceived principal pitch of vibrato tones, J. Acoust. Soc. Jpn. (E), **4**, 2, 73-82（1983）

9） Shin-ichiro Iwamiya, Shinji Nishikawa, and Otoichi Kitamura：Perceived principal pitch of FM-AM tones when the phase difference between frequency modulation and amplitude modulation is in-phase and anti-phase, J. Acoust. Soc. Jpn. (E), **5**, 2, 59-69（1984）

10） 中西達彦，岩宮眞一郎：音楽再生音の印象と再生系の周波数特性の関係，日本音楽知覚認知学会平成 28 年度春季研究発表会資料，51-56（2016）

11） 岩宮眞一郎：音質評価指標—入門とその応用—，日本音響学会誌，**66**，12，603-609（2010）

12） 福田哲也，二井眞一郎，北村音一：周波数スペクトル構造と音色との関係，日本音響学会 1980 年春季研究発表会講演論文集，687-688（1980）

13） ジャン・クロード・リセ，デービッド・L・ウェッセル著，ダイアナ・ドイチュ編，寺西立年，大串健吾，宮崎謙一監訳：音楽の心理学（上），第 2 章　分析と合成による音色の探求，29-69，西村書店（1987）

14） 岩宮眞一郎，河西俊明，佐藤教昭：音の倍音構造および立ち上がりパターンの識別—音の識別に対するファジィ集合モデルの適用—，日本音響学会 1989 年春季研究発表会講演論文集，363-364（1989）

15） 岩宮眞一郎：音の主観評価に対するファジィ・クラスタリングの適用—楽器音の分類と音色評価への応用，日本音響学会誌，**51**，9，715-721（1995）

16） Masayuki Takada, Kazuhiko Tanaka, and Shin-ichiro Iwamiya：Relationships between auditory impressions and onomatopoeic features for environmental sounds, Acoustical Science and Technology, **27**, 2, 67-79（2006）

17） 藤沢　望，尾畑文野，高田正幸，岩宮眞一郎：2 モーラの擬音語からイメージされる音の印象，日本音響学会誌，**62**，11，774-783（2006）

18） 藤沢　望，尾畑文野，高田正幸，岩宮眞一郎：擬音語から想起される音とその印象，音楽音響研究会資料，MA2004-81（2005）

19） 尾畑文野，藤沢　望，岩宮眞一郎，高田正幸：擬音語表現からイメージされる音の印象及び種類，騒音・振動研究会資料，N-2006-13（2006）

20） 岩宮眞一郎：音のデザイン（総説），日本音響学会誌，**68**，1，19-24（2012）

2 製品音の快音化とその評価

製品音から発生する騒音のレベル低減とともに，製品音の質的側面（感性的側面）での改善が求められるようになってきた。また，製品音の快音化により，製品の付加価値向上が期待される状況も生まれてきた。「音が魅力のモノづくり」の推進は，日本の製造業の生き残り策にもなりうる。本章では，製品音の快音化や音質改善によるブランドイメージ向上に関して成果をあげてきた一連の研究を紹介する。

2.1 快音化の時代がやってきた

私たちの身のまわりには，さまざまな製品（ここでは主として機械製品のことを想定している）があふれている。家の中には，洗濯機や掃除機などの家電製品があり，生活を支えてくれている。また，日常の移動の手段として，自動車やオートバイを利用することも多い。各種の大工道具や園芸器具を利用している人も少なくない。こういった製品の中には，モータやエンジンなどの動力源を使っているものが多数ある。動力源があると，望んでいるわけではないが「音」が発生する。その音が結構うるさいことも多い。

従来，製品の音に対する取り組みは，騒音の軽減対策がおもなものであった。機能のことだけを考えた製品においては，動作音の騒音レベルが高く，うるさい製品が生活の中にあふれていた。自動車や家電製品などでまず取り組むべきことは，うるさい製品音（機械騒音）を静かにすることだった。

今日，各種の製品において騒音軽減の取り組みが成果をあげ，製品音のうるささはかなり改善されてきた。それでも，製品音の不快感がなくなったわけではない。騒音レベルがそれほど高くなくても，製品音から不快感を覚えることもある。ユーザからメーカへの苦情も少なくない。また，レベルの高い騒音源に対策を施すと，これまでは問題にならなかった別の音源が気になることもある。気になる騒音をつぎつぎとつぶしていくと，騒音のモグラ叩き状態にもなりかねない。

また，製品の音を皆無にしてしまったほうがいいかというと，そうともいい切れない。製品の音は，多くの場合，製品の動作が正常に行われているかどうかの確認にも利用されている。聞こえてくる正常な動作音は，安全安心の印でもある。まったく無音になってしまうと，製品が正常に動作しているかどうかわからなくなってしまう。エアコンなどでは，ある程度送風音が聞こえないと，「効きが悪いのかな？」と疑ってしまう。掃除機も，ある程度音がしたほうがパワフルな印象をもたらし，「ゴミを吸っている」感じがする。

このような状況を受けて，製品の音を，その特徴を残しつつも，快適な音質に改善することが求められるようになってきた。また，騒音軽減の技術的な限界やかけられるコストの制限により，音質改善によって製品音の不快感を軽減しようとの動向もある。

さらに，自動車やオートバイなどでは，エンジンの排気音に愛着を覚えるユーザも多い。彼らにとっては，購入する製品を選ぶとき，音へのこだわりが重要な判断要素となっている。こういった製品では，より積極的に，製品のセールスポイントとしての「音づくり」が行われている。音がブランドイメージを作り上げている例もある。音の商品価値を重視する姿勢として，サウンド・ブランディングというコンセプトも登場してきた。製品音に，快音化の時代が到来してきたのである[1)]。

2.2　音楽と騒音の 2 項対立の解消

かつて，「快音」（あるいは「いい音」）を追求すべき対象は，聴くべき音としてその美的価値が認められた音楽のみであった。一方，騒音は排除すべき不快な音としてその存在価値は認められず，音楽と騒音は2項対立する存在と考えられてきた。そして，製品の音は騒音としての認識しかなかった。

しかし，20世紀以降の音楽においては，調性の崩壊（調性感を排除した12音技法，ミュジック・セリエルの登場），素材音の拡大（ミュジック・コンクレート，電子音楽など楽器を使わない音楽の登場）などによって，「音楽」と「音楽以外の音」の境界があいまいになってきた。現代音楽の作曲家ジョン・ケージは「偶然性の音楽」を提唱し，音楽と騒音の垣根を取り払った。ケージの代表作「4分33秒」では，ピアニストは登場するが一切演奏しない。ピアニストが椅子を引く音，聴衆の咳き込む音など，そのときその会場で聞こえるすべての音が，彼の作品なのである。そこには，楽音と騒音の区別はない。音楽は，美を追求する作曲家が構成し，演奏家が作曲家の追い求める美を実現することで成立してきた。楽器製作者は音楽家が求める美しい音の実現を支え，コンサートホールの設計者はその音の美しさにさらに磨きをかけることをミッションとして，ひたすら快音（いい音）を追求してきた。ところが，ジョン・ケージは「音楽は音である。コンサートホールの中，外を問わず，私たちを取りまく音である」と自らの音楽観を語り，それまでの音楽美追求の文化を全否定するに至るのである。こうして，「音楽＝快音」の公式は終焉に至った。

また，2.1節で紹介したように，騒音としてしか考えられなかった製品の音にも快音が求められるような状況も生じてきた。自動車やオートバイのエンジン音のように，音の商品価値，ブランドイメージも認知されるようになってきた。快音（いい音）を追求すべき対象が製品音にも広がり，音楽が必ずしも快音を追求すべき存在ではなくなった状況下では，音楽と騒音の2項対立は意味をなさなくなった。製品音に音楽並みの美的価値が生まれつつある。

2.3　快音がセールスポイントに

製品音の印象を快適にするために，さまざまな試みが行われるようになってきた。特に，製品単価が高い自動車は，快音化に対する取り組みも先行して行われている。魅力ある製品を作り出すために，自動車のデザインにおいては，ドアの開閉音にも注意を払っている。

2008年に放映されていたフォルクスワーゲン社のポロのCMは，「ドア音の快音性」を全面に押し出したCMであった。赤いポロに寄り添う外国人女性が，「好きなところ」と言って，「ヒップ」「プロファイル」「フェイス」と車をなでまわし，最後に「一番好きなポロは，ドアの音」（意味不明だが，何度聞いてもこう聞こえる）と歌わせ，ドアを閉めて「ドア音」を響かせ，「フォルクスワーゲン・ポロ」と商品名をささやいて終わる。

自動車のCMは，都会の街並みや大自然の中を自動車が疾走していたり，仲間や家族で楽しくドライブを楽しんでいるシーンだったり，「走る喜び」を強調するのが一般的である。最近では，低燃費や安全性をアピールするCMも多い。ところが，このポロのCMでは，自動車はまったく動かない。自動車の性能のこともいっさい語られない。外国人女性にデザインの良さのみを語らせ，最後に「愛着の対象として」ドア音の魅力を強調する。自動車のCMとしては，これまでにないタイプである。このCMは，「製品音の快音化」の時代を象徴する記念碑的なCMといえるだろう。

フォルクスワーゲン社は，その後も「ドア音」をセールスポイントとして前面にアピールする姿勢を貫いている。2012年放映のCMでも，「ドア音」にこだわった演出になっている。このCMでは，ギターのつま弾きで始まり，「ドアを閉める音」で終わる。「ドア音の快適性は，音楽の美しさに匹敵する」と主張しているのであろう。

ホンダも，「見えないところまで作りこんだから，ドアの音までプレミアム」と主張するCMを放映していたが，ホンダのCMはドアを構成する各部分をバラバラにして見せるなど，技術的配慮をアピールする姿勢のCMであった。

ドアの開閉音は，自動車の購入を考えるユーザが，ショールームで最初に体験するその車の音である。貧弱な音だったり，頼りない音だったりしたら，その車を買おうという気にならないだろう。ドアの開閉音は，自動車の第一印象を決める重要な音である。

「騒音」としか考えられていなかったエンジン音も，「走り」を感じさせる要素としてデザインの対象となっている。製品から発生する音にも気を配ってこそ，感性にアピールできる。

サウンドスケープの概念を提案したことで知られるマリー・シェーファー（4.1節で詳しく紹介する）も，自動車業界が音にこだわった製品作りをしていることに関心を持っている。彼を招いて開催した講演会においてそのことに言及し，「近ごろは，企業が音を所有しようとしている」と皮肉っぽく表現していた。実際，ハーレー・ダビッドソン社は，自社のオートバイのエンジン音を登録商標化し，自社のエンジン音を権利化し独占しようとした（結局，他社の抵抗により，登録商標は取り下げることになったが）。

「快音設計」というコンセプトのもとで，ユーザに好まれる音をデザインした家電製品，事務用機器なども実際に市場に出まわり始めた。評価の高い日本のモノづくりは，音の魅力も加えることによって，付加価値の高い製品を提供できる。今日，製品の機能で差別化を図ることが難しくなっている。音の魅力で感性にアピールする製品を作り出すことは，日本製品の生き残りをかけた戦略でもある。

2.4　受け身の騒音制御から攻めの快音化へ
― 音に対する発想の転換 ―

2.1節で述べたように，製品の音に対する取り組みは，従来は邪魔な音，うるさい音を軽減させる騒音制御の面からのアプローチが主体であった。こういった立場のアプローチは，どうしてもネガティブな発想になりがちであった。担当者の姿勢も，受け身になっていた。「製品の快音」の必要性が認識されてからは，攻めの姿勢で「ユーザが求める音を作る」という「プラス思考」にその発想を転換することが求められるようになってきた。音と敵対する騒音対策の立場から，音を味方に引き入れる快音設計の立場への方向転換が必要とされるのである。快音設計のアプローチは，よりポジティブで積極的なスタンスで，担当者にモノづくりに参加している実感を提供する。

同様の発想の転換は，音環境行政においてサウンドスケープ（サウンドスケープに関しては，4章で詳しく説明する）の思想を導入したときにもあった。環境庁（現在は，環境省）が地方自治体や市民グループの音環境に関する啓発活動を支援するために実施した「音環境モデル都市事業」（1993年度より5年間実施）に取り組んだ地方自治体職員の意識について，「マイナス思考からプラス思考への発想の転換」がなされたことが指摘されている[2)]。騒音に対する苦情の窓口になり，音環境のネガティブな側面を対象とする業務に翻弄されていた自治体職員にとって，いい音を見つけ，保全しよう，場合によっては創造しようというサウンドスケープの発想の導入は，ポジティブな発想で音環境に関わるチャンスを与えるものであった。

音で付加価値を高めようとする製品の快音設計もプラス思考のアプローチであり，サウンドスケープの思想と同じ影響を与えることが期待される。担当者は，「音づくり」というポジティブな発想，攻めの姿勢で仕事に取り組むことができる。ポジティブな意識での音への取り組みを継続するためには，そのための方策も重要である。快音設計の効果を広くアピールする試みも必要であろう。

2.5　家電製品に対する不快感を調査する

私たちの研究室では，製品の音に対する一般的な認識を把握するために，最も身近な「製品」である家電製品の音に対して覚える不快感の実態をアンケートにより調査した[3)]。**図 2.1** に，アンケートで得られた家電製品のうるささの評価の平均値を示す。この研究では，家族と同居している回答者（57名）と一人暮らしの回答者（48名）に分けて分析している（寮などに居住する2名は除外）。参考までに，さまざまな家電製品の騒音レベルの測定値を**表 2.1** に示す。

掃除機，電動ミキサー，ドライヤーの三つの製品では，回答者（同居者も一

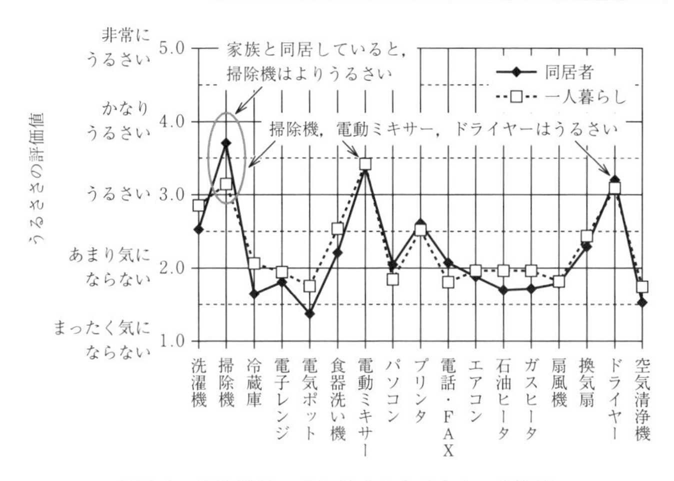

図 2.1　家電製品の音に対するうるささの評価値

人暮らしの者も）の平均評価値が「うるさい」とのカテゴリーを当てはめている「3」の値を超えており，一般にうるさいと認識されていることがわかる。これら三つの製品の騒音レベルはいずれも70 dBを超えており，ほかの製品よりも騒音レベルは高く，実際に「うるさい」製品であった。このうち，掃除機に関しては，家族と同居している回答者のほうが一人暮らしの回答者より，よりうるさいと評価していた。この結果は，

表 2.1　家電製品から発生する音の騒音レベル

製品名	騒音レベル〔dB〕
洗濯機（洗濯時）	56.9
洗濯機（脱水時）	61.4
掃除機	73.0
電子レンジ	54.4
電動ミキサー	75.0
パソコン	46.6
プリンタ	59.4
エアコン	49.8
扇風機	50.5
換気扇	60.8
ドライヤー	73.0
空気清浄機	51.5

自分以外の人が掃除機をかける場合には，テレビの音が聞こえないなどの実害を受けるため，よりうるさく感じていることを示唆する。逆に，一人暮らしの回答者のほうがよりうるさいと評価していた製品は，冷蔵庫と電気ポットであった。一人暮らしの回答者は，ワンルームタイプなどの狭い居住空間に住ん

でいることが一般的で，これらの製品と近い場所で生活している。そのため，製品の発生音による影響を直接受けやすいため，より深刻にうるささを感じたのであろう。

さらに，音によって悩まされている製品の有無について尋ねたところ，少なくとも一つあると回答した者は107名のうち57名で，複数の製品をあげた回答者もいた。音によって悩まされていると指摘された製品としては，掃除機，洗濯機，パソコン，ドライヤー，冷蔵庫，プリンタ，換気扇などがあげられていた。これらの製品は，主としてうるささの評価値の高いものであるが，パソコンは例外である。パソコンのうるささの評価値はそれほど高い値ではなく，騒音レベルを測定しても50 dB未満の低いレベルであったにも関わらず，11人が悩まされている製品であると回答していた。パソコンはユーザの間近で利用する製品である。しかも，かなり長時間連続で使用する。そのため，騒音レベルは低くても，その音に悩まされるのであろう。

逆に，電動ミキサーは一般にうるさいと評価され，騒音レベルも高かったにも関わらず，悩まされていると回答したのは3名と少なかった。電動ミキサーは1回の使用時間が短く，また頻繁に使うユーザも少ないため（毎朝野菜ジュースを飲む習慣の人もいるが，それでもそのときのみであろう），悩まされている回答者も少なかったのであろう。

この調査により，家電製品から不快感を覚えているユーザがかなりいる状況が明らかにされた。また，製品音の不快感が生じるのは，必ずしも騒音レベルが高いためではないことが示された。製品音の快音化により，製品音の不快感軽減に貢献できる可能性もあると思われる。実際，掃除機などの快音化に取り組むメーカも現れてきた。

2.6　快音を製品のセールスポイントに

製品音の印象を快適にするために，さまざまな試みが行われている。また，製品音の快適性をセールスポイントにする商品も出てきた。2.3節でも述べたが，製品単価が高い自動車は，快音化に対する取り組みも先行して行われてきた。こういった快音化への尽力の有効性を明らかにするために，製品の音から受ける印象が製品イメージに及ぼす影響について，科学的な手法で検証することも必要であろう。

私たちの研究室では，ある企業と共同で，コピー機のトレイ着脱音やカバー開閉音が製品イメージに与える影響の研究に取り組んだ[4)]。メーカの担当者によると，数100万円もするような超高級カラー・コピー機の操作音が，必ずしも製品のレベルにふさわしい音がしていないという。自動車のドア開閉音のように，高級機種にはそれにふさわしい操作音が必要なのではないか，その効果を科学的に示せないかという要請が研究のきっかけだった。

印象評価実験によって，操作音が製品イメージに強い影響を与えていることが明らかにされた。トレイを収納するときに発生する「キー」という擬音語で表現できる高周波成分の擦れ音が含まれると，「不快で」「安っぽい」印象が生じる。カバーが閉まる音において，擦れ音が発生せずに，低域が優勢な「ボン」とか「ドン」とかいった衝突音がすると，「丈夫で」「高級な」感じになる。衝突音のあとに断続的な跳ね返るような音（「ガラランーン」といった感じ）が続くと，「壊れそうな」印象を受ける。こんな音がすると，製品に対する信頼性を損ないかねない。

また，私たちの研究室では，ドア閉め音の良さに対する印象評価実験と自動車のドア閉め音の印象に対するアンケート調査を行い，好ましいドア閉め音とはどのような音なのかを検討した[5)]。その結果，「安心感」「高級感」「静か」「心地良さ」を感じられることが，「良い」ドア閉め音の条件となっていることが示された。このアンケート調査によると，ドア閉め音からポジティブな印象を得るためには，「低域が強い」「高域が弱い」「音が小さい」「音が短い（残響が短い）」といった要素を満たす必要があると考えられている。

さらに，この研究では，ドア閉め音の良さに関する評価値とドア閉め音の各種の音響特性の対応関係を検討した。その結果，**図 2.2** に示すように，騒音レベルが 60 dB 以上となる時間が短いほど，また単発騒音暴露レベル（ドア閉め

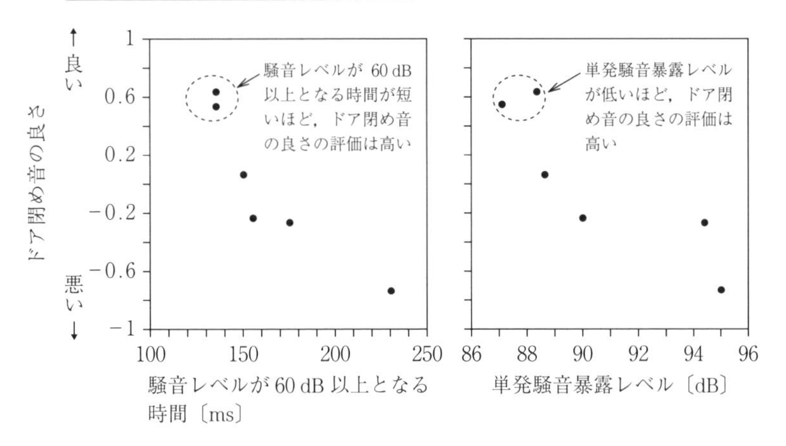

図 2.2　ドア閉め音の単発騒音暴露レベル（ドア閉め音と等しいエネルギーを持つ 1 秒間の定常音の騒音レベル），騒音レベルが 60 dB 以上となる時間と「ドア閉め音の良さに対する評価値」との対応関係

音と等しいエネルギーを持つ 1 秒間の定常音の騒音レベル）が低いほど，ドア閉め音の良さの評価は高くなる傾向が示された。短い音で音量が小さいドア閉め音が，ユーザの感性にアピールする音であると考えられる。

2.7 「音の魅力」はなんぼやねん？

2.6 節で紹介したような研究により，音が製品イメージにおおいに影響を及ぼしていることが明らかにされた。それでは，音質を良くする改良が，製品の価値に影響するのであろうか。製品から発生する「音の魅力」を貨幣の価値に換算することができたなら，快音化することの効果を定量的に示すことができる。私たちの研究室では，仮想評価法という手法を用いて，音質の経済的価値を定量的に測ることを試みた[6)]。

対象としたのは，ドライヤーの音である。あちらこちらから拝借した各種のドライヤーの動作音を録音し，音質評価実験を行った。その中から，「最も快い音」と「最も不快な音」を選出するためである。

最も不快な音を「改善前の音」，最も快い音を「改善後の音」として提示し，改善前の価格を3 800円と仮定して，音質改善に対していくらなら余分にお金を払う意志があるのかの判断を求めた。元の価格（3 800円）は，市場に出まわっているドライヤーの価格から算出した，おおよその平均的な値である。実験結果をもとに，元の価格に対する上乗せ価格に対して，購入すると決断する確率（受託確率）を求めた。**図2.3**に示す上乗せ価格と受託確率の対応関係から，50％の人が469円以内の上乗せ価格なら支払う意志があることが示された。この469円が音質改善に対する平均的な貨幣価値と考えられ，それは元の価格の12％に相当する。

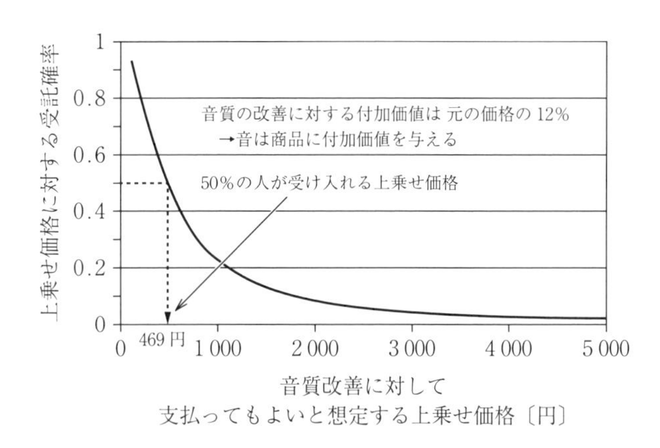

図2.3 ドライヤーの音質改善に要する価格に対する受託確率（上乗せ価格に対して，購入を決意する確率：元の価格3 800円に対して，いくらなら余分に払うのか？）

さらに，私たちの研究室では，コンジョイント分析と呼ばれる手法を用いて，購入を決定する際のドライヤーの音の重要性を，メーカ名，タイプ，機能，価格などと比較した[7)]。購入を決定する際に最も重要視されるのは価格で，各要素の重要性のうち約40％を占めている。これに対して音の重要性は約10％程度であり，価格には及ばないもののメーカ名（ブランド）などと同程度の効果があることが明らかにされた。

これらの研究により，音の魅力の価値を貨幣価値に換算して定量的に測ることができた。製品の魅力は，その機能，外観だけでは決まらない。製品から出る音は意図して出す音ではないが，製品の魅力に大きく貢献する。心地良い製品音が，製品の付加価値を生み出すのである。

2.8　快音に対するユーザの意識 ― オートバイのライダーを対象として ―

立場により，製品の音に対する意識が異なることがある。ある製品のユーザにとっては心地良いとされる音が，ユーザではない人たちにとっては，じゃまな音（騒音）にしかならない場合もある。製品の快音化を考える場合，ユーザの意識は無視できない要因である。

オートバイ（自動二輪車）のユーザ（ライダー）は，四輪車のユーザに比べて製品に対するこだわりが強く，改造により性能，デザインなどを変えている愛好者も多い。オートバイに対する愛着は，その排気音にも及ぶ。ハーレー・ダビットソン社のように，ライダーの感性に訴えるセールスポイントとして，排気音の音質の伝統を守ることに最大限の努力をしてきた企業もある。ただし，オートバイのライダーの排気音に対する意識は，そうでない人（非ライダー）とはずいぶん異なる。私たちの研究室では，ライダーとそうでない人を対象にして，オートバイのアイドリング音と走行音（時速 60 km）の評価実験を行い，各グループの音に対する意識の差を検討した[8)]。

図 2.4 にアイドリング音，**図 2.5** に走行音に対する好みの評価値を示す。アイドリング音，走行音のいずれの場合においても，非ライダーは全般的に嫌っている。ライダーにおいては，好みのアイドリング音，走行音があり，非ライダーとの好みの評価値の差が大きく，非ライダーが嫌っていてもライダーが好む音がある。

アイドリング音の場合，非ライダーは単純に音量が大きいと，不快感や嫌悪感を覚えている。ライダーにおいては，不快感や嫌悪感と音量との関係は明瞭ではなく，低音域が優勢であるほど好みの評価値が高まる傾向が見られた。走行音の場合，ライダーは，音量が大きく，高音成分が優勢で，変動感が大きい

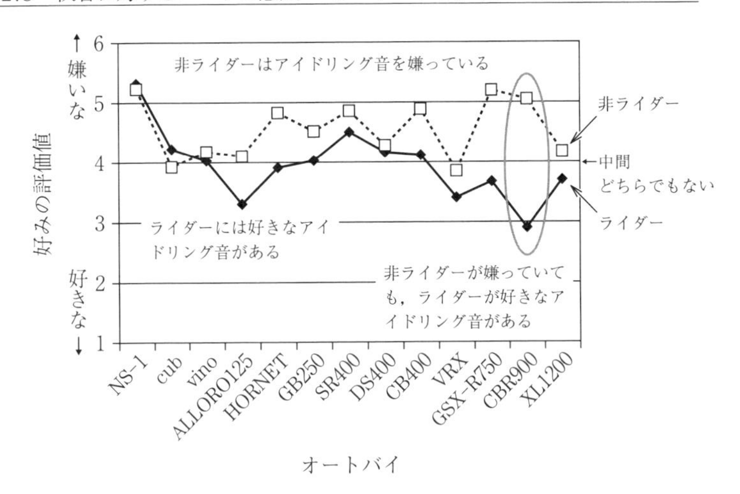

図 2.4　オートバイのアイドリング音に対する好みの評価値
（ライダーと非ライダーの違い）

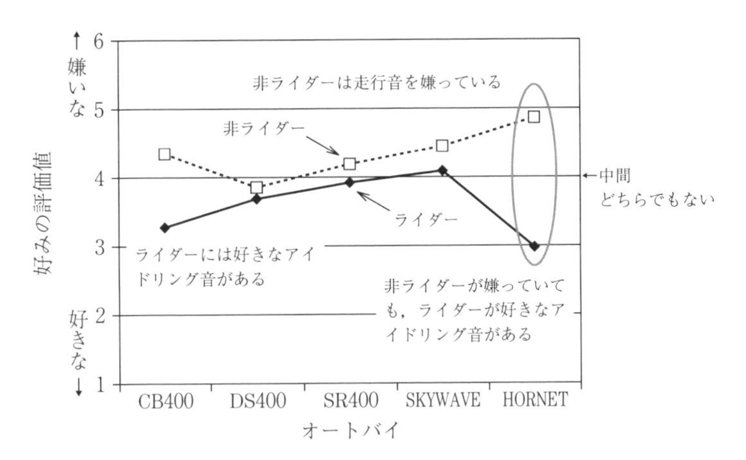

図 2.5　オートバイの走行音（時速 60 km）に対する好みの評価値
（ライダーと非ライダーの違い）

排気音を好んでいる。

ライダーは，アイドリング状態では走りの良さを連想させるような力強さや迫力感のある音を好み，走行状態ではオートバイの速度が上がりエンジンの回転数が上昇することを実感させる高域成分が優勢で，音量やその変動が大きい走行音を好む。また，ライダーは，オートバイのイメージを思い浮かべながら音の評価を行っていた。非ライダーの排気音に対する印象は，オートバイのイメージの影響を受けず，音量の影響を最も受けている。

ただし，「大きい-小さい」「鋭い-鈍い」といった好みとか価値判断の伴わない要素感覚的な印象評価実験では，アイドリング音でも走行音でも，ライダーと非ライダーの評価値に顕著な違いは認められなかった。音に対する好み，音から感じる快適感といった，音に対する価値判断的な評価の側面に対して，大きな違いが生じるのである。製品音の快音化を考える場合，その製品に対するユーザの意識も影響することに留意しなければならない。

2.9　機械騒音の純音成分が不快感や疲労感に及ぼす影響

エンジンやモータなど回転運動を行う機械騒音は，広帯域のノイズ以外に，純音成分を伴うものが多い。こういった純音成分は，騒音の不快感の要因にもなっている。また，純音成分を伴う機械騒音を長時間聞き続けた場合には，より強い疲労感が生じることもある。

私たちの研究室では，純音成分を含む機械騒音の印象評価実験を行い，機械騒音の純音成分が不快感や疲労感に及ぼす影響を検討した[9)]。

最初に，機械騒音とその300 Hzの純音成分を強調した刺激音を使って，不快感に関する評価実験を行った。その結果，ラウドネスが同じでも，純音成分がより大きくなった場合に不快感が増加することがわかった。純音成分の増大によりラウドネスも大きくなる場合には，さらに不快感が増加する。

さらに，機械騒音とその300 Hzの純音成分を強調した刺激音を48分間にわたって聞き続ける条件下で，タブレット端末の画面上に表示される1～25までの数字を順番に探してタッチするという数値探索課題を行いながら，6分ごとに疲労感とともに刺激音の不快感，耳障り感，鋭さ，こもり感，大きさ，うるささの評価実験を行った。刺激音には，録音して得たオリジナルの機械騒音であるラウドネス15 soneの刺激音1を基準として，純音成分を18 dB上昇した上でラウドネスを19.2 soneに増加した刺激音2，オリジナル音の音圧レベルを上昇させてラウドネスを19.2soneに増加した刺激音3，純音成分を18dB上昇した上でオリジナル音とラウドネスを同一にした刺激音4，純音成分を30dB上昇した上でオリジナル音とラウドネスを同一にした刺激音5を用いた。

図2.6に，閉眼安静直後と各測定時間で得られた疲労感に対する評価値の差の平均値を示す。この図に示した値は，閉眼安静直後の疲労感の評価値を基準(0)として，経過時間に伴う疲労感の変化（時間推移）を示したものとなる。図2.6によると，刺激音によらず時間が経過することによって疲労感が増加する傾向が見られる。不快感，耳障り感，鋭さ，こもり感，大きさ，うるささに関しては，刺激音ごとに評価値は異なるが，時間経過に伴う変化は見られなかった。

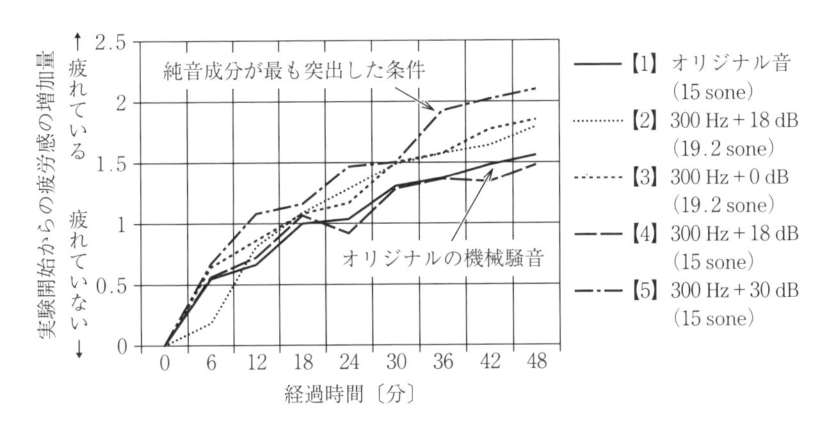

図2.6　純音を含む機械騒音にさらされた条件下で作業を行ったときの疲労感の時間推移（しだいに疲労感が上昇）

図2.6によると，ラウドネスが15soneである刺激音1（オリジナル）に比べ，ラウドネスを19.2soneに上昇させた刺激音2，3はより強い疲労感を生じさせている。一方，ラウドネスを同一（15sone）に保ったまま，純音のレベルを18dB上昇させた刺激音4は刺激音1と同程度の疲労感しか生じさせないが，純音を30dB上昇させた刺激音5はさらに強い疲労感を生じさせている。ラウドネスが15soneの刺激音5の暴露中に生じた疲労感は，ラウドネス

を 19.2 sone に上昇させた刺激音 2，3 に暴露したときよりも強く，この実験の条件の中では最も強い。

以上の実験結果から，機械騒音中の突出した純音成分は，不快感を生じさせるとともに，聞き続けたときに疲労感を増大させる効果を持つことが示された。機械騒音の快適化を図るためには，こういった純音成分に対する対策も必要とされる。

2.10 音を所有する喜び —「聞かせびらかし」の美学 —

自動車の走行音，ドア音，掃除機などの家電製品の音といった製品の音は出そうとしている音ではないが，その音の快音化が求められている。これらの音は，私たちが日常繰り返し聞く，親しみのある音でもある。また，私たちが所有している製品から出てくる音でもある。音自体も，所有物の一部といえるだろう。

自動車の場合には，所有するために相当な出費をしている。音を聞くために自動車を購入するわけではないが，そこから聞こえてくる音が不快な音ではたまらない。がっかりして，返品したいと思うかもしれない。逆に，気持ちのいい音だと，所有物に対する愛着も倍増する。エンジン音に愛着を抱くユーザの心理はそんなものだろう。

サイン音も，最近は愛着の対象になっている。特に，携帯電話の着信音に関しては，自分好みの音をカスタマイズする習慣が定着している。着メロ，着うたなどの配信サービスがビジネスとして成立しているのは，好みの音を自分で所有する喜びを感じ，これを他人にひけらかす（「見せびらかし」ではなく「聞かせびらかし」）ことに快感を覚えているからであろう。

好みの音を所有する喜びは，従来は音楽を録音したレコードや CD などに限られていた。音楽愛好家は，ひいきのアーティストの新曲に真っ先に飛びつき，好みの曲を愛蔵していた。ダウンロードした音源では，音楽への愛着があまり感じられなくなっているのかもしれない。

今日，音への愛着が，製品の音に広がってきた。製品の音の快音化が求められるのは，自分の所有物への愛着を強めたいからである。製品を作る側にしてみれば，愛着を持たれるような音づくりが求められる。

むすび ― 製品の快音化の必要性を訴えてきた ―

従来，製品の音の評価というと，騒音のうるささの評価を指すことが一般的で，音質評価というとオーディオの再生音の評価のことであった。その後，製品音の質に注目が集まり，製品音を対象にした音質評価の研究が盛んになってきた。さらに，製品音の快音化あるいは製品音のブランド化というコンセプトが広まってきた。

そんな状況下で，音質評価の研究を行っていた私たちの研究室では，製品音の研究を行うようになっていった。さまざまな企業の方からいろいろな事案の相談を受け，製品音の対象の多彩さを実感した。製品の機能は各メーカが横並びの状態であり，ユーザの感性にアピールするモノづくりで付加価値を作り出そうとの志向も高まっていた。感性にアピールするには，視覚に訴えるだけではなく，聴覚にも訴えかける必要性が認識され始めたのであった。私も，一連の研究を通してその主張を行ってきた。

「製品音の快音化」は，音のチカラをモノづくりに活かす可能性を秘めた音のデザイン分野である。製品のデザインを担うプロダクト・デザインの分野においても，「快音化」とのコラボレーションで，より大きな効果を期待できるはずである。メーカのブランドイメージを製品の音で表現した，サウンド・ブランディングも，音のチカラを発揮すべき分野である。「快音化」がもたらす付加価値を，もっとプロモートできれば，ビジネス・チャンスもさらに広がるであろう。

「製品音の快音化」は，音響学分野の一領域として，さらに研究を進めるべき分野でもある。研究の発展を望みたい。また，「製品音の快音化」を実践するサウンド・デザイナーの存在価値が認められ，活躍できるような時代が来ないものかと夢が広がる。私が監修を担当した「製品音の快音技術～感性にアピールする製品の音作り～」（岩宮眞一郎，高田正幸監修，S&T 出版，2012）は，製品音の快音化の状況を総括した著書である。この著書では，多くの研究者や技術者の協力を得て，「製品音の快音化」研究のさまざまな具体例が示されている。

参　考　文　献

1) 岩宮眞一郎：音のデザイン―快音化の新たな試み―，騒音制御，**37**，5，243-249（2013）
2) 大野嘉章：音環境モデル都市事業の意義，日本騒音制御工学会平成 10 年度研究発表会講演論文集，17-20（1998）
3) 岩宮眞一郎，松尾竜輝：大学生を対象とした家電製品の音に対する意識の実態調査，騒音制御，**37**，1，31-35（2013）
4) 高田正幸，田中一彦，岩宮眞一郎，河原一彦，高梨彰男，森　厚夫：オフィス機器から発生する音の評価，騒音制御，**26**，4，264-272（2002）
5) Masayuki Takada, Hiroaki Mori, Shinji Sakamoto, and Shin-ichiro Iwamiya：Structural analysis of the value evaluation of vehicle door-closing sounds, Proc. of 22nd International Congress on Acoustics（ICA 2016）, paper number 672（2016）
6) 高田正幸，山野秀源，岩宮眞一郎：機械音の音質の経済評価，日本機械学会論文集 C 編，**71**，707，2155-2162（2005）
7) Masayuki Takada, Satoko Arase, Keiichiro Tanaka, and Shin-ichiro Iwamiya：Economic valuation of the sound quality of noise emitted from vacuum cleaners and hairdryers by conjoint analysis, Noise Control Engineering Journal, **57**, 3, 263-278（2009）
8) 岩宮眞一郎，渡邊正智，高田正幸：オートバイの排気音に対するライダーと非ライダーの意識の違い，騒音制御，**32**，6，425-436（2008）
9) 服部　航，増田京子，山縣勝矢，高田正幸，岩宮眞一郎：長時間機械音暴露下での連続精神作業による疲労感へ純音卓越成分が及ぼす影響，日本音響学会 2015 年秋季研究発表会講演論文集，861-864（2015）

3 メッセージを伝えるサイン音のあり方を探る

今日，多様な目的でサイン音が利用され，公共空間や家庭の中から自動車内まで，至るところでサイン音が鳴り響いている。本章では，従来あまり研究対象とされることのなかった「サイン音の機能イメージ」とそのデザイン論に焦点を当て，成果を得てきた研究を紹介する。一連の研究により，さまざまなメッセージを伝えるために適したサイン音の音響特性を明らかにした。

3.1 サイン音とはメッセージを伝える音

サイン音というのは，危険を知らせる警報とか，電話の呼び出し音とか，洗濯機や電子レンジの終了音のように，なんらかのメッセージを伝える音のことである[1)]。現在，多くのサイン音は電子的に発生される。家電製品などに用いられるサイン音は，「報知音」とも呼ばれている。危険な状況から避難を促すための音は，「警報音」と呼ばれている。「サイン音」とは，言語以外の手段で「メッセージを伝える音」全般を総称した呼称である。

サイン音は，さまざまな場面で用いられている。家電製品のほとんどはなんらかのサイン音（報知音）が発生するようになっており，家庭内では毎日のようにサイン音を聞く生活になっている。ニュース速報のチャイムや緊急地震速報のように，テレビから聞こえてくるサイン音もある。電話の呼び出し音もサイン音の一種である。また，火災報知機やガス漏れ警報のように，緊急事態を告げるサイン音も必要とされている。

鉄道の駅や列車内でも，列車の到着，出発を告げるサイン音，ドアの開閉を告げるサイン音などさまざまなサイン音が存在する。また，音響式信号や誘導鈴（駅の改札口などの場所を伝えるためのサイン音）のように，視覚障がい者の単独歩行を支援するためのサイン音も多く利用されている。デパートなどの商業施設にも，呼び出しを告げるチャイムなどのサイン音が存在する。公共空間では，からくり時計に仕掛けた「時報」のように単にメッセージを伝えるのみではなく，演出的効果も兼ねたサイン音もある。緊急事態を告げるサイン音は，実際に聞く機会は多くはないが，公共的な空間にも存在する。

自動車内にも，サイン音は多く用いられている。自動車本体に付属したウインカーやリバースギア報知音のほか，カー・ナビゲーションも多くのサイン音を発する。クラクションは，車外へ向けてのメッセージを伝えるサイン音である。また，近年，低速時の走行音が非常に静かな電気自動車やハイブリッド車の普及により，これらの接近に気がつかないといった危険な状況が生じてきているが，その回避策として「接近報知音」の搭載が実施されている。接近報知音も，サイン音の役割を担っている。

音でメッセージを伝えることは，昔からホラ貝や太鼓を使って行われていた。ラッパなどを使っていた例も多い。鐘の音は，洋の東西を問わずさまざまな情報を伝えてきた。これらに加えて，より遠くまで伝達するために，より音量が大きいサイレンや大砲なども利用されるようになってきた。さらに，電気的に音を発生したり，増幅したりすることが可能になってきてからは，電子音が多用されるようになってきた。電子音を発生する装置が小型化されるに伴い，身のまわりのさまざまな道具にサイン音が利用されるようになって現在に至っている。

こういった電子音を利用したサイン音は，以前は「鳴らせる」ことのみしか考えておらず，伝えたいメッセージに合った適切な音のデザインがなされているとは思えないものも多かった。しかし，最近は，用途に合わせた最適なサイン音のデザインが求められるようになってきた。警報や警告的な要素を含まず，日常的に鳴っているようなサイン音には，快適さが求められることもある。

高齢化社会といわれる今日の状況を反映して，高い周波数の音に対する感度の衰えた高齢者の特性に配慮したサイン音のデザインの必要性も認識され始めた。また，視覚障がい者にとっては，視覚からの情報が利用できず，多くの情報を聴覚から得ている状況から，サイン音の存在はより重要で特に配慮を必要とする。サイン音にも，ユニバーサル・デザインの姿勢が求められる。

3.2 サイン音に求められる特性

サイン音を用いる目的は，各種のメッセージを正しく伝えることである。したがって，サイン音に求められる最も重要な特性は，「メッセージが理解できる（わかりやすい）」ことである。ただし，言語情報とは異なり，音響信号から具体的な意味を伝えることは困難である。それでも，サイン音を利用する際には，なるべく伝えたい意味に近いイメージを持つ音を選択したい。

「警報音」のように，人命に関わるような危機的状況からの回避を促す場合，音が聞こえてきたら「直ちに回避行動を取る」と判断させるような音である必要がある。普段出入りするような場所であれば，定期的に避難訓練などを実施すれば，「警報音」を学習することは容易であろう。しかし，初めて訪れた場所で警報音を聞いたときにも，「回避行動を取るべきだろう」との連想が働く「緊急感の高い」音でなければならない。また，広い範囲の人にメッセージを伝える必要もある。

外国人にとってもわかりやすいことはサイン音全般に必要なことではあるが，とりわけ生命の危機にも関わりかねない警報音の場合は，特に配慮を必要とする。警報音のデザインにおいては，クロスカルチュラル（異文化間）な検討も必須であり，国際的に共通な規格として制定する意義も大きい。

警報音には，快適な音質を提供する必要はない。むしろ，不快な音のほうが回避行動に直結しやすい。多少うるさくても，十分に聞こえる音量であることも不可欠である。ただし，びっくりしすぎて行動が止まってしまうような音（あるいは大音量）は避けなければならない。

警報音とは異なり，日常生活の中で繰り返し聞くようなサイン音の場合，不快な音は避けるべきである。視覚障がい者に場所を案内する「誘導鈴」など，1日中鳴り続けるような音は，心地良い響きでないとまわりで活動する人は耐えられない。視覚障がい者にとっては場所の情報を担った重要な音なので，十分に聞こえる必要はあるが，音質には特段の配慮が必要である。

家電製品の動作の「開始」や「終了」を告げるサイン音も，日常生活の中で頻繁に耳にする。こういったサイン音の場合にも，そのメッセージを的確に伝える必要があるとともに，何度も聞かされても不快にならないように，やはり音質面での配慮が必要とされる。

さまざまな環境下で利用されるサイン音においては，メッセージを的確に伝えるために，まわりの環境音に埋もれることなく，明確に聞こえることも必要である。公共空間においては背景騒音がかなりうるさい場所もあり，その音にマスキングされないようにある程度の音量が必要とされる。ただし，音量を上げすぎると，サイン音自体が環境騒音になりかねない。明確に聞こえるという条件を満たしつつ騒音にならない程度のレベル，すなわち「おり合いをつけた音量」の設定を行う必要がある。このとき，まわりの環境音のスペクトルと重ならないような周波数帯を強調したサイン音にすると，マスキングの影響を最小限に抑えることができるので，過度に音量を上昇することなく明瞭性を確保できる。

日常的に利用するサイン音は，憶えやすい音であると，利用し始めたときに意味がわからなかったとしても，何度か聞いているうちに，その音のメッセージを確実に把握できるようになる。人間は，「ピー」や「ジー」など，擬音語表現を利用すると音を記憶しやすい。サイン音のデザインに，音と結びついた擬音語表現の利用は効果的である。また，ピッチの上昇や下降など，メロディ的要素も，記憶を促すためには効果的である。

さらに，複数のサイン音が混在する状況においては，それぞれが異なる特徴を持ち，容易に聞き分けられるといった配慮も必要とされる。サイン音にも，棲み分けが必要とされる。サイン音を適切に区別できるようにデザインするためには，音の時間特性，スペクトル特性などの多様な音響特性を利用して，それぞれを異なった印象の音にする必要がある。ピッチの変化など音楽的な要素を利用することも効果的である。

ディジタル技術の発展とともに，従来と比較してさまざまな音を記録・発生させることの自由度が格段に高まってきている。サイン音を適切にデザインすることは今日的要求であるが，サイン音を自在にデザインできる状況も整ってきている。

3.3 わかりやすく，憶えやすいサイン音とは？

サイン音のデザインを考える上で最も基本的なことは，3.2節で述べたように「わかりやすい」ことであろう。また，繰り返し聞く機会のあるサイン音の場合，「憶えやすい」特徴も重要である。私たちの研究室では，わかりやすく憶えやすいサイン音デザインのための研究を行ってきた。わかりやすいサイン音というのは，なにを伝えたいかがイメージしやすい音である。憶えやすいサイン音とは，音の特徴を言語に置き換えて表現するという，擬音語化しやすい音と考えている。サイン音を区別するのに，「ピー」とか「ブー」とかの擬音語を使うのは，ごく自然な感覚であろう。いったん擬音語に置き換えれば，音の記憶は格段に容易になる。この研究では，実際に生活空間や公共空間で利用されている各種のサイン音を利用して，その音から感じられる機能イメージ，擬音語表現を聴取実験により明らかにし，音響的特徴と対応させた[2)]。

操作感を出すためのフィードバックに用いる音には，180ミリ秒程度の短い音が適している。このような短い音は，「ピッ」「プッ」といった促音（ッ）を伴った擬音語で表現される。また，基本周波数（ピッチと対応する）とスペクトルの重心（音の鋭さ，かん高さ，シャープネスと対応する）は，比較的高い音がこのような音に適している。純音の場合は，周波数が高い音が適するということになる。

警報感が強い音の擬音語表現は，「ピピピ」という感じで同一音節が繰り返される場合と，「ブー」のように第1音節に有声音，母音に「ウ」，語尾に長音が用いられる擬音語表現の場合とがある。「ブー」のように表現される音は，基本周波数が低く，周波数成分が豊富だという音響的特徴を有する。

呼び出し音には，速い速度で振幅や周波数が周期的に変化（1秒間に10～50回程度）する音が適している。呼び出しの機能イメージが強い音の特徴は，基本周波数とスペクトルの重心が高いという特徴を持つ。こういった音には，「ピリリリ」といったように，第2音節がラ行に変化する擬音語表現が用いられる。

警告感が生じやすい音は，基本周波数が低く，周波数成分が豊富だという特徴がある。このような音の擬音語表現には，第1子音に「b」や「g」といった有声子音が用いられる。この特徴は，警報感を生じさせる特徴でもある。

終了感を生じさせる音には，長音（ー）で表現できる音，長音に撥音（ン）が加わった音で表現される音が多い。「チーン」といった昔の電子レンジの音（その名残で，電子レンジで温めることを「チンする」という），あるいは「ピーピーピー」といった最近の電子レンジの音が典型的なものである。

報知感のイメージが強い音は継続時間が長く，呼び出し感の強い音のように，速度の速い振幅変調（振幅の周期的変化）と周波数変調（周波数の周期的変化）を伴う音である。ただし，呼び出しのイメージの音よりも，基本周波数とスペクトルの重心は低い。このような音には，「プロロロ」「ポロロロ」のように第2音節以降がラ行に変化する擬音語表現が用いられる。基本周波数とスペクトルの重心は低いため，擬音語表現の母音は「o」になる（高い場合は，母音は「i」になる）。また，「ジャーン」「ファーン」といった拗音（小さい「ャ」や「ァ」などがつく音節），長音，撥音が用いられる音も報知感が強い。

擬音語表現は，マニュアルへの表記にも役立つ。マニュアルに「2 000 Hz の純音が鳴ったら終了」とか記載しても，だれもわからない。「ピーと鳴ったら終了」なら，容易に音をイメージできる。ただし，「ピー」と書いているのに，「ボー」という音が聞こえてきたら，ユーザは混乱する。正しい擬音語表現をするためには，擬音語表現と音響的特徴の関係を明らかにしておく必要がある。

3.4 周期的な変動音から感じられる機能イメージと擬音語表現

実際のサイン音においては，音のオン（吹鳴），オフ（休止あるいは無音）を繰り返す断続音が多く用いられている。断続音は，それ自体耳につきやすい特徴を持つので，サイン音として有効である。断続音においては繰り返しを伴うため，その繰り返しパターンを系統的に変化するのに伴って，機能イメージおよび擬音語表現が変化する。このことを利用すれば，変動パターンを変化させることで，機能イメージ，擬音語表現を系統的に制御することが可能となる。私たちの研究室では，印象評価実験によって，振幅が周期的に変化する振幅変調音から感じられる機能イメージと擬音語表現と変化パターンの関係を明らかにした。

振幅変調音においては，変化の速さ（変調周波数：1秒間に変化する回数）の違いに応じて，擬音語表現および終了，呼び出し，警報，警告などのイメージが生じることが明らかにされた[3)]。

5 Hz 以下の矩形波で変調した振幅変調音（音のオン，オフを繰り返す断続音）は，「ピーピーピー」といった長音の繰り返しで表現できる。このような音は終了感が強く，機器の動作の終了を告げるサイン音としてふさわしい。変調周波数が1 Hz 程度までの条件では，終了感は変調周波数が低いほど強い。ただし，音が鳴っている時間と鳴っていない時間の割合の影響を受け，鳴っている時間が短い「ピッ　ピッ　ピッ」といった感じの音になると終了感は弱まる。こういった音では，操作のフィードバックのイメージが生じる。

なお，短音が繰り返すパターン（矩形波で変調した振幅変調音）で，繰り返し回数を1秒間に2～5回（変調周波数が2～5 Hz）まで変化させた実験によると，若干ではあるが繰り返し回数が偶数回の場合のほうが奇数回の場合よりも終了感が強くなることが示されている[4)]。偶数回の繰り返しは拍子としての安定感もあり，緊張感が緩和され，正常に終了したという印象が得られるものと考えられる。偶数回の繰り返しは，終了をイメージさせるにはよりふさわしいのであろう。

変調周波数が 10 〜 30 Hz になると，振幅の変化に追従しきれなくなり，「ピリリリ」のように第 2 音節以下がラ行に変化して繰り返す擬音語表現で表現される。この範囲の変化はラフネス（あらあらしさ）を感じ始める領域の変化速度の領域である。このような振幅変調音からは呼び出し感が強く感じられる。

40 Hz 以上の矩形波で変調した振幅変調音の場合，「ビー」のように第 1 音節に有声子音が用いられ，最後が長音で終わる（繰り返さない）という特徴を持った擬音語表現で表現される。この領域の変化速度で変化する振幅変調音からはラフネスが生じ，さらに変調周波数を上昇させると定常的な音となり，警報感が強く感じられる。

周波数が周期的に変化する周波数変調音も，サイン音によく利用される音である。私たちの研究室では，振幅変調音と同様に，周波数変調音から感じられる機能イメージと擬音語表現と変化パターンの関係を明らかにした。周波数変調音の場合も，変調周波数の影響に関してはおおむね振幅変調音の場合と同様の傾向を得ているが，5 Hz 以下の矩形波で変調した周波数変調音で警報感，警告感を生じる傾向がある点が，振幅変調音の場合とは異なる[5)]。周波数変調音は，変調周波数 5 Hz 程度では「ピポピポ」，2.5 Hz 以下になると「ピーポーピーポー」といった擬音語で表現される。周波数変調音の場合，高さの違いに追従できる条件では，高さの違いが母音の違いで表現されるのである。高音部に「i」，低音部に「o」の母音表現が用いられている。このような音は救急車，消防車，パトカーといった緊急車両のサイレンを連想させ，警報感，警告感を生むのであろう。

周波数変調音でも，変調周波数が 10 〜 50 Hz 程度の場合，第 2 音節以降がラ行の同一音節を繰り返す「ピリリリリ」といった擬音語表現が用いられる。変調波が正弦波の場合，変調周波数 10 Hz 程度で「ピヨヨヨヨ」のように，繰り返し部分がヤ行になることもある。このような音は，いずれも呼び出しのイメージが強い。

変調周波数が70 Hz以上の場合にも，警報感，警告感が強い。この範囲の変調周波数では，強いラフネスが感じられ，さらに変調周波数を上昇させると定常的な音となる。こういった音は，第1音節が有声音になり，繰り返しがなく，長音で終わる擬音表現「ビー」などで表現される。

3.5　自動車内にもサイン音があふれている

自動車内では，ウインカー（方向指示器）の点滅を示すウインカー報知音，リバースギアの使用を告げるリバース報知音，シートベルトの締め忘れを告げる警告音，カギを抜き忘れたり，ライトをつけたりしたまま車外に出たときに警告を発する音など，多くのサイン音が用いられている。運転中の運転手に各種の情報を伝達する場合には，前方不注意を招きかねない視覚情報は使いにくく，聴覚情報は有効である。最近の自動車は，カー・ナビゲーションなど各種の電子機器も備えており，運転手がこれらのシステムを操作したときには，フィードバックのためにサイン音が提供されている。また，自動車の安全性を高めるためにさまざまな情報（後方の自動車の接近など）を運転手に伝えることが可能になってきており，今後さらにサイン音が増えてくるものと予想される。

私たちの研究室では，自動車内に用いられている各種のサイン音を用いて印象評価実験を行い，各機能にふさわしいサイン音の音響特性を検討してきた[6)]。全般的に見ると，自動車内で利用される各種のサイン音としては，耳につくような高域成分をあまり含まない「柔らかい」音がよいと評価されている。よく用いられている断続音においては，ゆったりとした時間パターンの音がふさわしいと評価されている。ただし，合成音を利用した系統的な実験によると，ゆったりであればあるほどよい，低域が優勢であればあるほどよいといったものではなく，最適なテンポやスペクトル形状の範囲が存在する。

リバース報知音（ギアをバックに入れたときに出る音）には，多くの自動車で「ピーピーピー」と一定の無音区間をおいて短音が繰り返される断続音が用いられている。私たちの研究室では，音のイメージを決める主たる音響特性である「断続パターン」「スペクトル構造」がリバース報知音の評価に及ぼす影響を系統的に検討した[7]。

断続パターンの影響を系統的に変化させた評価実験によると，繰り返し周期が1 000～1 400ミリ秒（ms）で，吹鳴時間，無音時間（休止時間）の比が同程度の時間パターンがリバース報知音として「ふさわしい」と評価されている。**図3.1**に，「リバース報知音としてのふさわしさ」と吹鳴時間，無音時間の関係を示すが，吹鳴時間，無音時間とも700ミリ秒の断続音が，リバース報知音として最もふさわしいと評価されている。吹鳴時間，無音時間がともに500ミリ秒の条件でも，同程度のふさわしさが感じられる。同じ1 000ミリ秒周期の断続音でも，無音時間が300ミリ秒や100ミリ秒の条件のように短くなると，リバース報知音としてはふさわしくないと評価されている。

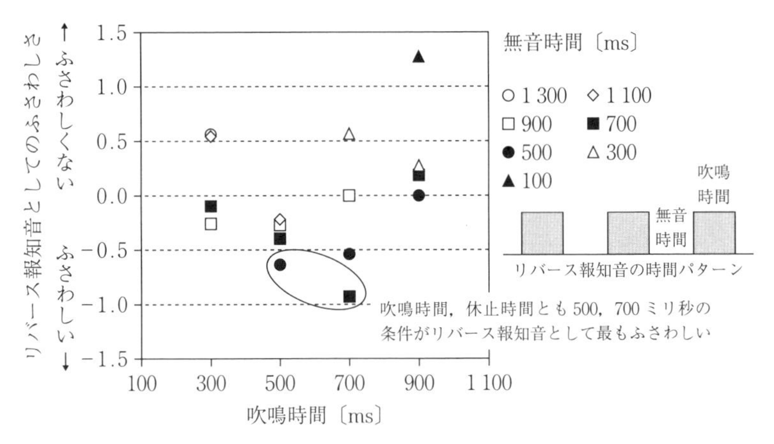

図3.1　リバース報知音（断続音）の吹鳴時間，無音時間と「リバース報知音としてのふさわしさ」の関係

純音の周波数を系統的に変化させて行ったリバース報知音としてのふさわしさの評価実験によると，1～2 kHzの音がリバース報知音として最もふさわしいことが示されている。スペクトル構造の影響に関する実験では，スペクトル

の重心が 3.5 kHz 以下の音がリバース報知音として「ふさわしい」ことが示されている。

この研究でふさわしいとされた音は，4 kHz 以上の高域の音が聞こえにくいといわれている高齢者にとっても聞き取りやすい音である。また，車内のエンジン音も 1 kHz 以下にエネルギーが集中しており，エンジン音にかき消されるおそれもなく，実際にリバース報知音として有効に利用できる音である。

ウインカー報知音は，「カチカチ」のようにクリック状の 2 音を繰り返すが，「カ」部分から「チ」部分までの時間間隔，「チ」部分から次の「カ」部分までの時間間隔を等しくして，クリック音の周期を変化させて行った「ウインカー報知音としてのふさわしさ」に関する評価実験の結果を，**図 3.2** に示す。図 3.2 によると，各音の発生が 400 ～ 700 ミリ秒の周期であれば（「カチ」全体の周期では 800 ～ 1 400 ミリ秒），ウインカー報知音としてふさわしいと評価されている[8)]。特に，周期が 400 ミリ秒の条件で最も評価が高い。500 ミリ秒の条件でも同程度に評価が高い。周期が 400 ～ 500 ミリ秒程度の周期というのは，ウインカー報知音の周期として望まれる時間特性と考えられる。

クリック状の周期的な音であるウインカー報知音としてふさわしい周期は，

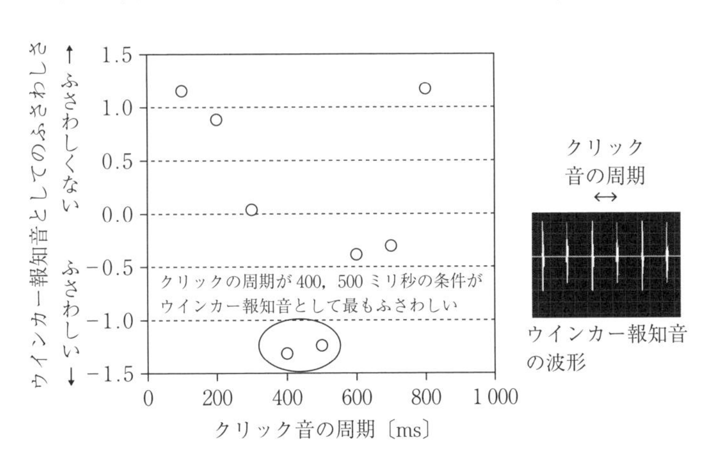

図 3.2　ウインカー報知音のクリック音の周期と「ウインカー報知音としてのふさわしさ」の関係

400～700ミリ秒の範囲であった。こういったリズミカルな周期パターンのテンポ感に関しては，音楽心理学の分野において古くからさまざまな検討がなされている[9]。テーブルを自分の好きなテンポで叩くといった自然に行われる打拍を測定する手法で行われた「短すぎも長すぎもしない」時間間隔（「自発的テンポ」と呼ばれている）についての研究により，380～880ミリ秒の範囲が短すぎも長すぎもしない時間間隔であるとの結論が得られ，600ミリ秒程度が代表値とされている。また，遅すぎも速すぎもしない「好みのテンポ」に関しても，おおよそ600ミリ秒であることが示されている。心拍や歩行，自発的テンポ，好みのテンポなどが，時間間隔にして500～700ミリ秒と，ウインカー報知音としてふさわしい範囲とおおよそ重複する。

人間にとって，この程度（おおざっぱにいうと500ミリ秒程度）の時間間隔のリズミックな連なりは，快い周期感をもたらすのではないだろうか。これより短くなるとあわただしく感じ，長くなると間延びして周期感が感じられなくなる。周期感を感じつつ比較的落ち着いた印象が得られる周期が，500ミリ秒程度の時間間隔の連なりである。ただし，ウインカー報知音として最もふさわしいとされた400ミリ秒の周期は，これらの周期より少し短い。ウインカー報知音には，自然で快い周期よりも少し短く，ほんの少しあわただしさが加味される周期が最適なものと考えられる。

私たちの研究室では，「シートベルト・リマインダ」に関しても，ふさわしい音に関するアンケート調査と評価実験を行い，警報感とともに高級感，快適感が求められていることを示してきた[10]。自動車に利用されているシートベルト・リマインダも，多くのものが吹鳴と無音を繰り返す「断続音」である。そこで，断続音の音響特性の変化が高級感，快適感，警報感の印象に及ぼす影響について検討した[11]。断続音の吹鳴部の振幅エンベロープ（振幅のおおまかな時間変化）に関しては，減衰型（吹鳴直後から振幅が減衰する）にすることで高級感を持たせることができること，吹鳴部の振幅を一定にしたオン・オフ型の断続音においては安っぽい印象になることが示された。スペクトル構造に関しては，すべての倍音を有するよりも奇数倍音のみを有する音のほうが，高級感が高まるという傾向が得られた。基本周波数に関しては，400 ～ 800 Hz の範囲で高級感が得られる。吹鳴時間に関しては，750 ミリ秒以上であれば高級感が得られる。高級感を形成するには，ゆったりした印象が必要である。快適感に関しても，高級感とほぼ同様の音響特性により得られることが示されている。倍音成分を奇数次倍音に限ること，振幅エンベロープを減衰型にすることなどで快適感が得られる。

警報感に関しては，吹鳴時間，無音時間が短いほど警報感は強まることが示された。スペクトル構造に関しては，すべての倍音を含む場合のほうが，警報感が高まる傾向を得た。しかし，吹鳴時間，無音時間の効果が大きいので，奇数倍音のみの音でも周期の短い断続音にすれば，警報感を生じさせることはできる。基本周波数に関しては，高くなるほど警報感が高まる。振幅エンベロープに関しては，警報感を高めるためにはオン・オフ型のほうがよい。しかし，減衰型でも，基本周波数が 1 600 Hz であれば十分な警報感が得られる。

警報感は高級感，快適感と両立しにくいが，警報感をそれほど強く望まない場合には，高級感，快適感と共存させることは可能で，そのような特性はシートベルト・リマインダに適用できる。

3.6　断続音の「緊急感」を段階的に制御するデザイン手法

サイン音には，動作機器あるいは周囲の環境の状況に対する注意喚起を促し，その状況に応じた緊急感を伝えるといった使い方もある。自動車走行中の安全性（危険性），工場内でのトラブル発生時における安全性（危険性）など，単になんらかの状況を伝えるだけのレベルから，危険回避のための行動を促すレベルまで，その緊急度に応じたサイン音を使い分ける必要がある。このような場合，音から感じられる緊急感と現実の状況の緊急度をマッチングさせる必要があり，ミスマッチがあると混乱を招く要因となってしまう。

私たちの研究室では，サイン音としてよく利用されている断続音を用いて，断続音の時間パターンおよび吹鳴音のスペクトル形状が，音を聞いて生じる緊急感に及ぼす影響を印象評価実験によって明らかにした[12),13)]。

断続音の場合，その断続周期が短くなり断続するスピードが速くなると，「せかされる」「落ち着きがない」といった印象が生じるため，緊急感は高くなる。ただし，断続パターンの吹鳴時間と無音時間（休止時間）それぞれの効果は同一ではない。**図3.3**に，評価実験により得られた断続音の緊急感と無音時間および吹鳴時間の関係を示すが，無音時間の効果のほうが大きく，無音時間を短くするとしだいに緊急感が高まってくる。7段階の評価尺度で評価した結果，無音時間1 000ミリ秒から10ミリ秒まで変化させることで，緊急感の評価が4段階以上変化する。吹鳴時間も短くすると緊急感は高まるが，1 000ミリ秒から100ミリ秒までの範囲の変化での緊急感の差は1段階程度で，無音時間の変化に基づくものに比べると小さい。同程度の時間変化に対しても，無音時間の変化が緊急感に及ぼす影響は吹鳴時間のものより大きい。また，無音時間は限りなく0秒に近づけることは可能であり，制御範囲を広く取ることができる。一方，吹鳴時間の場合，100ミリ秒よりもさらに短くすると音が聞こえにくくなったり，ピッチがわかりにくくなったりすることもあり，無音時間ほ

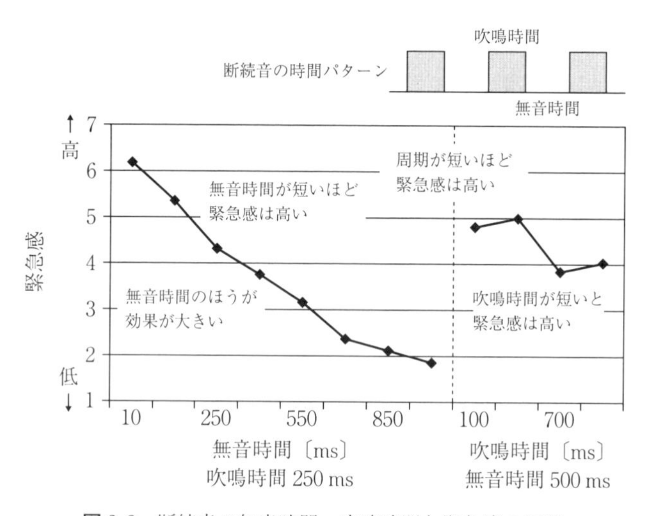

図3.3　断続音の無音時間，吹鳴時間と緊急感の関係

どは制御範囲を広げられない。

吹鳴音のスペクトルの違いによっても，緊急感は異なる。**図 3.4** に示すように，倍音をすべて含む音は，奇数次倍音のみを含む音に比べてより高い緊急感を生じさせることができる。高域成分のエネルギーを豊富に含むほど緊急感が高まる傾向は見られるが，その効果は小さい。

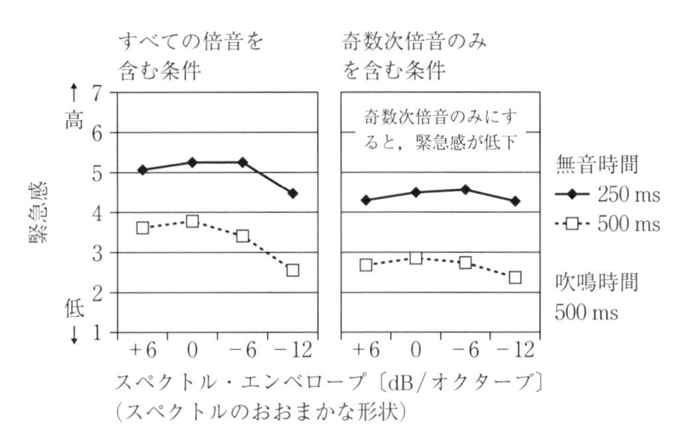

図 3.4　吹鳴音のスペクトル形状と断続音により生じる緊急感の関係

この実験の範囲では，スペクトルを変化させるよりも，断続パターンの時間パターンを変化させたほうが緊急感に与える影響が大きいことが示された。断続パターンを用いて緊急感を段階的に変化させるためには，無音時間を変化させると効果的である。

さらに，断続パターンの吹鳴音を定常音ではなく周波数が直線的に変化するスイープ音にすると，緊急感をさらに高めることができる[14)]。私たちの研究室で行った評価実験によると，**図 3.5** に示すように，定常音を用いた断続音よりも，スイープ音を用いた断続音のほうが高い緊急感が得られることが明らかにされた。さらに，周波数が直線的に下降する下降スイープ音よりも周波数が直線的に上昇する上昇スイープ音のほうがより緊急感を高めることができる。

また，断続パターンの吹鳴時間と無音時間の効果は，スイープ音を用いた場合も，同様に得ることができる。定常音を用いた場合と同様に，吹鳴時間と無

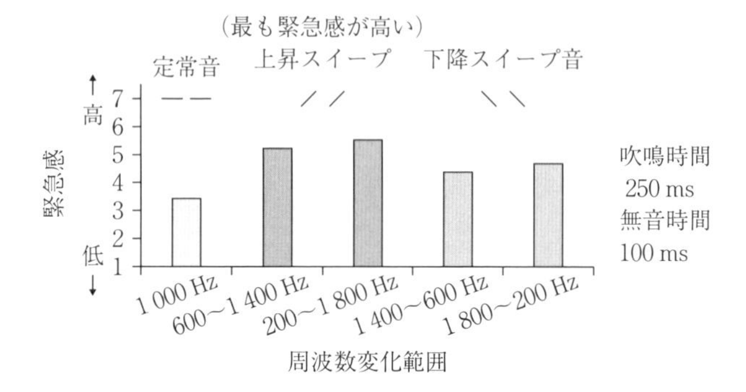

図 3.5　スイープを用いた断続音の緊急感

音時間を短くすると緊急感を高めることができ，無音時間を短くすることの効果は吹鳴時間を短くすることの効果よりも大きい。

私たちの研究室では，スイープ音を二つ組み合わせた断続音を用いた場合においても，緊急感の印象評価実験を行った[15]。実験結果を，**図 3.6** に示すが，上昇スイープにおいても下降スイープにおいても，スイープ音を二つ組み合わせることで，スイープ音が単独の場合（周波数差 0）よりも緊急感が高まるこ

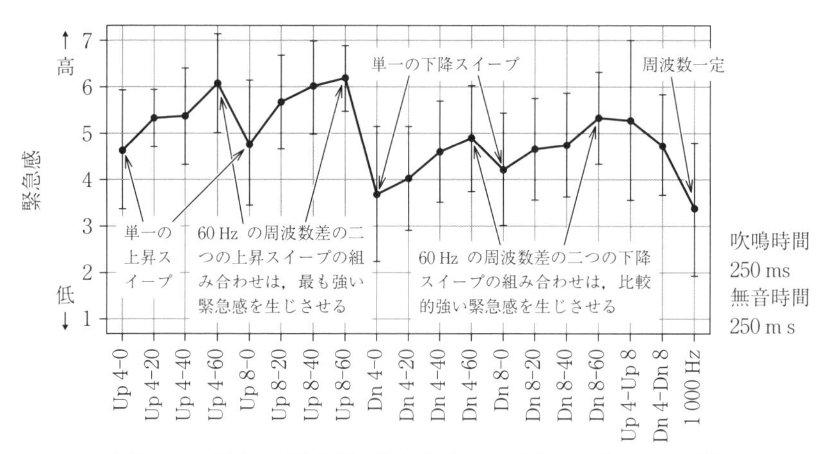

Up：上昇，Dn：下降　周波数変化範囲 4：1 kHz ± 400 Hz，8：1 kHz ± 800 Hz
「-」のあとの数字：2 音の周波数差

図 3.6　スイープを二つ組み合わせた音を用いた断続音の緊急感
（単一のスイープ断続音，周波数一定の断続音との比較）

とが示された。周波数差が0～60 Hzまでの範囲においては，周波数差が広がるほど緊急感が高い。二つのスイープ音の周波数差が60 Hzの場合，二つのスイープ音が干渉し強いラフネス感（あらあらしさ）を生じさせ，緊急感を増大させる効果が大きい。さらに，インタビュー調査により，周波数の上昇スイープは退避，危険，焦りなど，周波数の近接した音の重ね合わせは不安，不快感，恐れなどを連想させ，その結果として緊急感が高まることが示された[16)]。その二つの効果が合わさることで，60 Hz程度の周波数差の二つの上昇スイープの組み合わせは強い緊急感を生じさせるのである。

このような知見により，断続音の吹鳴時間と無音時間をいくつか組み合わせることで緊急感のレベルをコントロールして，緊急感を上げたり下げたりすることが可能となる。そして，吹鳴部分を定常音からスイープ音にすることで，さらに緊急感のレベルを上げることができる。このとき，上昇スイープにすると，下降スイープの場合よりも緊急感をさらに上昇させることができる。また，倍音を豊富にすることで，より緊急感を上昇することができる。60 Hz程度の差を持つ二つのスイープ音を用いることも，緊急感のレベルを上げることに効果的である。特に，ある程度の長さの吹鳴時間が必要な場合には，倍音付加や二つのスイープの組み合わせは緊急感を上昇するのに有効な手段である。ノイズに埋もれにくく，どんな可聴範囲の人にも聞こえやすくするために，倍音を付加したいがそれほど緊急感を高くしたくない場合には，倍音を奇数次のみにするとよい。断続音の場合，無音時間の変化に伴う緊急感のレベル変化幅が大きく，緊急感のレベル制御に有効である。

3.7 スイープ音を用いたタッチパネルの操作感の向上

近年，スマートホン，タブレット端末，商業施設の案内板など，さまざまな場面でタッチパネルが利用されている。タッチパネルには，画面を自由にレイアウトでき，操作が直感的であるなど，さまざまな利点がある。その一方で，機械的なスイッチやレバーを操作したときとは異なり，物理的なフィードバックがないことから，操作しているという実感が乏しい，操作が誤っていないか不安になるといった問題がある。

このような問題を解決するために，振動や音によるフィードバックを加えることによって操作感を作り出そうとの試みがなされている。電子ブックなどでは，指でページをめくる際に，紙の本のページをめくる音を加えることによってページをめくる操作感を演出している。

実際に，タッチパネル操作に付加するフィードバックとして，聴覚によるフィードバックは有効であることが実証されている。しかし，タッチパネルならではの操作である，画面を「はらう」ような操作（スワイプ操作）の操作感を向上させる音に関しては検討されていない。そこで，私たちの研究室では，スワイプ操作の操作感向上に適する操作音に関して研究を行った[17)]。ここでいう操作音は，操作のフィードバックのために加えられる電子音のことである。

私たちの研究室で取り組んだ映像の切り替えパターンとピッチの変化パターンの調和に関する研究（5.13 節で詳しく述べる）によって，左から右および下から上に映像が切り替わるパターンにはピッチが上昇する音が調和し，右から左および上から下に映像が切り替わるパターンにはピッチが下降する音が調和することが示されている。

このような知見から，スワイプ操作の指の動きの方向と操作音から感じられるピッチの変化の間に同様の調和が感じられると，操作感の向上が期待できる。そこで，上下・左右方向のスワイプ操作に調和することが予想される純音のスイープ音を操作音として付加することにより，操作感が向上するかどうかの検討を行った。

スイープ音をスワイプ操作の操作音として用いた場合の各条件における操作感の評価値を，**図 3.7** に示す。この実験により，右および上方向のスワイプ操作には上昇スイープ音，左および下方向のスワイプ操作には下降スイープ音を組み合わせると指の動きとピッチの変化方向が調和し，操作感が向上することが示された。操作感の評価値は，スイープ音の長さや周波数変化範囲の影響も受ける。スワイプ操作の操作音に適するスイープ音の周波数変化範囲は 250

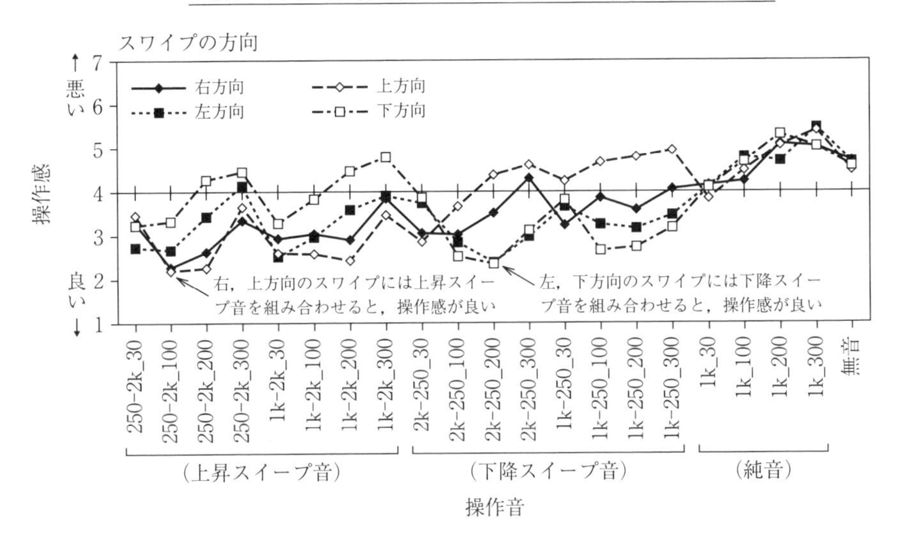

図 3.7 スイープ音をスワイプ操作の操作音として用いた場合の各条件における操作感の評価値（刺激音は，最初の周波数-最後の周波数〔Hz〕_操作音の長さ〔ミリ秒〕で表す）

Hz から 2 kHz の範囲で，操作音の長さは 100 ミリ秒あるいは 200 ミリ秒であった。最適な条件でのスイープ音の操作感は，操作音をつけない条件や純音（定常音）の場合よりも顕著に向上する。

ページをめくるような感覚が必要な場合は，純音よりも狭帯域ノイズのほうがマッチすると思われる。そこで，中心周波数が変化する狭帯域ノイズを操作音に用いる場合でも，純音のスイープ音と同様の評価実験を行った。その結果，**図 3.8** に示すように，狭帯域ノイズの場合も純音の場合と同様に，右および上方向のスワイプ操作には上昇スイープ音，左および下方向のスワイプ操作には下降スイープ音を組み合わせると，指の動きとピッチの変化方向が調和しているように感じられ，操作感が向上することが示された。最適なスイープ音の操作感は，操作音をつけない条件や定常ノイズの場合よりも顕著に向上する。

この研究により，スイープ音の付加がスワイプ操作の操作感を向上させることが示された。操作感に優れた操作音は，心地良いマンマシン・インターフェースの創造に貢献する。

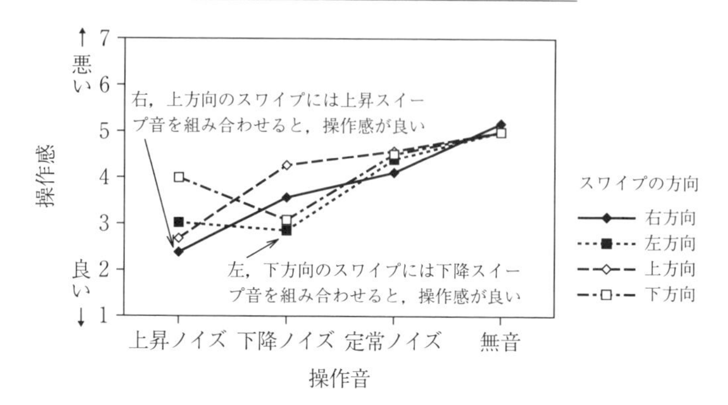

図 3.8　狭帯域ノイズを用いたスイープ音をスワイプ操作の操作音として用いた場合の各条件における操作感の評価値

3.8　音楽的表現を用いたサイン音 ―メロディや和音で語らせる―

サイン音の中には，メロディや和音のような音楽的な要素を利用したものも多い。鉄道の発着音，家電製品のサイン音，携帯電話の着信音など，さまざまなサイン音にメロディが利用されている。音響式信号機に「故郷の空」や「とうりゃんせ」などのメロディが広く使われていた時期もあった（現在では，ほとんどが「ピヨピヨ」「カッコウ」の擬音式に統一されつつあるが）。テレビのニュース速報に伴うチャイムや緊急地震速報などに，分散和音（和音の構成音を順番に演奏した音）を利用したものもある。日本では，サイン音に音楽的要素を利用することにかけて世界をリードしている。4 章で詳しく述べるが，メロディ的要素を用いたサイン音は，日本の音文化といえるほどである。

周波数の変化を用いたサイン音としては，「ピンポン」「ピポ」のような擬音で表されるサイン音が，玄関チャイムやお知らせ前の前置音として広く使用されている。また，列車の発着音のように，サイン音として短いメロディが用いられることも多い。

メロディとして認識できるものも含め，こういったピッチの変化パターンや和音の違いは，聴取印象やサイン音としての機能イメージに大きな影響を及ぼしている。また，ジングルのような短いメロディ・パターンは記憶に残りやすいので，繰り返し聞くことがあるサイン音には好都合である。これらの音楽的表現は，再生装置の音響特性や聴取位置などにそれほど左右されずに伝達されるので，聴取印象や機能イメージとの関係を明らかにすれば，サイン音デザインに活かすことができる。音楽要素の活用で，サイン音の表現幅を広げることが可能となる。

3.9　連続する2音のピッチ変化がサイン音の機能イメージに及ぼす影響

私たちの研究室では，ピッチが一定でないサイン音（メロディ式のサイン音も含む）の最も基本的な構成要素として，継時的に鳴る2音のピッチ変化の違いが機能イメージとどう対応するかを検討した[18)]。日常的によく耳にするサイン音には「不快でない」音のデザインが求められるが，ピッチの変化によってサイン音の快さがどのように変化するのかも併せて検討した。

本節では，2音間のピッチの変化を「音程」で表す。音程とは，音階上でのピッチの隔たりのことをいう。2音が同じ高さの場合は「1度」，ドとレのように隣り合う音間の音程は「2度」，オクターブの関係は「8度」となる。なお，2音の音程内の全音と半音の割合に応じて，「長」「短」あるいは「完全」「増」「減」などの区別がつけられている。いくつかの上昇，下降を含めた音程の例を，**図3.9**に示す。

「警報感」が強い音程は，完全1度と増4度である。完全5度以上の広い音程においては，短3度や長3度のような狭い音程と比べて警報感が高まる。図3.9に示したように，完全1度の音程は同じピッチの音の繰り返しパターン（断続音）で，警報に限らず一般のサイン音に多いことから，警報のメッセージとして捉えられたものと考えられる。増4度はかつて「悪魔の音程」などとも呼ばれ，西洋音楽のメロディではあまり用いられなかった音程で，不協和音

図 3.9　２音のピッチ変化がサイン音の機能イメージに及ぼす影響に関する評価実験に用いた音程の例（ハ長調の場合を例にして）

程に分類される。その特異な印象が，警報的なメッセージを感じさせると考えられる。

「開始感」が強い音程は上昇方向の音程である。中でも，短３度上昇，長３度上昇，完全４度上昇，完全８度上昇は比較的開始感が強い。最も開始感が強いのは「完全４度上昇」である。

逆に，「終了感」は下降方向の音程で強くなる。中でも，完全８度の下降で終了感は最も高く，短３度下降，長３度下降がこれにつぐ。

一般に，ピッチの上昇系列はエネルギー・レベルの上昇，下降系列はエネルギー・レベルの低下をイメージさせることが指摘されている[19)]。そのため，ピッチの上昇はなにかが始まることを連想させ，ピッチの下降は終了を連想するようになったのであろう。さらに，終了感は「完全８度下降」で，開始感は「完全４度上昇」で特にその印象が強まる。

日常生活の中で最も「よく聞く」と評価されたのは長３度下降で，完全１度，短３度下降，完全４度下降も同程度であった。また，増４度およびそれ以上広い音程は「どちらでもない」または「あまり聞かない」「ほとんど聞かない」のように評価された。増４度の音程はサイン音としてはあまり利用されていないという状況がうかがえる。また，増４度を除いたすべての音程で，上昇より下降する音がより頻繁に聞くと評価された。

「快さ（不快さ）」の評価実験によると，増4度は特に不快な印象であった。また，完全5度より音程の大きなピッチの変化は，全般的に不快な印象であった。そして，短3度下降，長3度下降のピッチ変化は快い印象になることが示された。このことは，長3度，短3度のピッチ変化の利用によってサイン音の快音化（あるいは不快感の軽減）が可能であることを示唆している。現在広く使用されている「ピンポン」のような短3度および長3度で下降するサイン音（誘導鈴もその一つ）は，周波数が一定のサイン音と比べて快い印象を与えているものと考えられる。

3.10　和音がサイン音の機能イメージに及ぼす影響

3.9節では，継時的に鳴る2音のピッチ変化によるサイン音について，2音の音程と機能イメージの関係を検討した。実際に使われているサイン音の中には，西洋音楽を構成する要素である「和音」が活用されている例もある。和音の特徴は構成音間の音程によって規定され，和音の種類によってサイン音として伝えやすい機能イメージがあると考えられる。私たちの研究室では，西洋音楽において基本的な構成要素となっている3和音を対象として，和音の種類および進行形とその機能イメージの関係を評価実験によって検討した[20]。**図3.10**に，使用した3和音を示す。

快さの評価実験においては，最も快い印象であるのは，Gメジャー（G）→Cメジャー（C）の和音進行である。単独で提示したCメジャーの和音も快

図3.10　和音の種類および進行形とサイン音としての機能イメージの関係の評価実験に用いた3和音

いと評価されている。一方，最も不快な印象を与えていたのがCディミニッシュ（Cdim）の和音である。Cディミニッシュについで不快な印象だったのはCマイナー（Cm）である。

「終了感」が強いのは，Gメジャー→Cメジャー，Fメジャー→Cメジャーの和音進行である。これらは，音楽の終止形として多く見られる和音進行で，終止を伝えるのにふさわしいパターンである。また，終了感が弱かったのはCマイナーである。Cメジャーは単一で提示しても終了感が強い。Gメジャー→Cメジャーの和音進行は，最も快い印象を生じる音でもあるので，日常生活の中でのサイン音として活用すべきであろう。

これらの知見により，終了感を必要とするサイン音デザインの表現幅を広げることができる。また，終了感のある下降系のメロディに，これらの和音推移を組み合わせるといった利用もできる。

最も「警報感」が強かった和音はCディミニッシュである。ついで警報感が強いのは，Cマイナーである。最も警報感が弱いのは，Gメジャー→Cメジャーの和音進行である。単一音でもCメジャーでは警報感が弱い。警報感は快さと負の相関があり，一般に不快な印象である音ほど警報感が強い。快い印象のCメジャーやGメジャー→Cメジャーは警報には適さない。

最も「報知感」が強いのは，Cオーギュメント（Caug）の和音である。Cオーギュメントは，「呼び出し感」も最も強い和音である。

3.11　分散和音がサイン音の機能イメージに及ぼす影響

3.9節，3.10節において，継時的に鳴る2音のピッチ変化や和音を利用することにより，サイン音として伝えやすい機能イメージがあることを示した。さらに，サイン音として，協和した響きを持つ和音の構成音を一つひとつ順番に鳴らす分散和音の利用も有効である。実際に，分散和音を利用したサイン音も多く利用されている。デパートなどで呼び出しのアナウンスの前に鳴らされる「ド・ミ・ソ・ドー（オクターブ上）」の分散和音は，典型的な活用例である。

私たちの研究室では，3音で構成される3和音をもとに構成した分散和音を対象に，サイン音としての機能イメージを評価実験によって検討した[21]。

最初の実験では，ピッチの変化パターンがサイン音の機能イメージや印象にどのような影響を与えるのか検討した。用いたピッチパターンは，Cメジャーを構成する音（ド・ミ・ソ）に根音（ド）の1オクターブ上のドを加えた4音を並べ替えてできる24パターンである。

2音の場合と同様に，上昇系の分散和音では「開始感」が強くなる。主音（ド）で終了する条件では，その傾向はさらに強くなる。「ド・ミ・ソ・ド（オクターブ上）」と連続的に上昇し主音で終わる分散和音では，特に開始感が強い。対照的に，下降系列の分散和音では，「終了感」が強くなる。「ド（オクターブ上）・ソ・ミ・ド」のように主音で終了する条件では，さらに終了感が強くなる。

上昇系列では，「呼び出し感」「報知感」も強くなる。主音で終了する条件で，この傾向はさらに強くなる。ただし，下降系列でも，主音ではない音（ド以外の音）で終了することで，ある程度「呼び出し感」「報知感」を持たせることができる。最終音が主音でない音で終了する条件では，「警報感」が強くなる。音楽的に完結しないほうが「警報感」が得られやすい。

また，最終音が主音（ド）になる条件で「快適感」が高くなる傾向が認められた。日常的に利用され，緊急度が低いメッセージのサイン音にメロディを利用する場合，音楽的に完結することによってサイン音を快適にすることが可能である。

さらに，サイン音に用いる和音の種類とピッチの変化パターンが，サイン音の機能イメージや印象にどのような影響を与えるのか検討するために，Cメジャー（C：ド・ミ・ソ），Cマイナー（Cm：ド・ミ♭・ソ），Cディミニッシュ（Cdim：ド・ミ♭・ソ♭），Cオーギュメント（Caug：ド・ミ・ソ♯），Cサスペンディッド4（フォー）（Csus4：ド・ファ・ソ），不協和音1（ド・レ・ソ♭），不協和音2（ド・レ♭・ラ♯）の分散和音を用いた評価実験を行った。**図3.11**に，五つの和音（C，Cm，Cdim，Caug，Csus4）を用いた分散和音を示す。

図 3.11　分散和音を用いたサイン音の機能イメージの評価実験に用いた分散和音

「開始感」が強い分散和音は，C メジャーと C サスペンディッド 4 である。ピッチ変化の方向に関しては，やはり上昇系列で開始感が強くなる。上昇系列の C メジャーと C サスペンディッド 4 の分散和音は両者の効果が加算され，より強い「開始感」を生み出す。「終了感」に関しては下降系列で強くなるが，特に終了感の強い和音はない。

「警報感」は C ディミニッシュ，C オーギュメント，不協和音 1，不協和音 2 で強くなる。また，ピッチ変化が途中で反転する条件でやや警報感が強くなる傾向が認められた。C メジャーや C マイナーでは「警報感」は得られない。「呼び出し感」は C メジャー，上昇系列の条件で強くなる。ピッチが単調に上昇または下降する条件でやや「呼び出し感」が強くなる。「報知感」に関しては全体的に高く，条件による差は認められなかった。

「快さ」は，C メジャーと C サスペンディッド 4 の条件で高く，C マイナー条件がこれにつぐ。ピッチ変化に関しては，単調に上昇または下降する条件のほうが，ピッチが途中で上下する条件よりもやや快くなる傾向が認められた。

さらに，定常音や周波数変調音など分散和音以外の音も交えて比較した場合においても，開始感や呼び出し感を表現する場合は分散和音が適していることが示された[22]。特に，「ド・ミ・ソ・ド」「ド・ファ・ソ・ド」「ド・ソ・ミ・ド」のようなパターンの分散和音が適しているとされた。この中でも，開始感，呼び出し感には「ド・ミ・ソ・ド」の単調に上昇する分散和音が最も適しているとの評価を得た。これらの分散和音の印象は快くゆったりしており，日常的に耳にするような音としても適している。

終了感や報知感を表現する場合も，急がす必要がない場合は，快さの高い分散和音をサイン音として利用することができる。終了を伝えるには，「ド・ソ・ミ・ド」という単調に下降する分散和音が最も適している。開始に「ド・ミ・ソ・ド」を用いて終了に「ド・ソ・ミ・ド」を組み合わせると，ピッチパターンが対称的となり，メッセージが伝わりやすい。記憶にも残りやすいだろう。報知感を表現するには，開始感や呼び出し感を表現するのに適している分散和音に加え，「ソ・ド・ミ・ド」の分散和音も適している。

警報感を表現する場合，あるいは早急な対応を促すためにあわただしさを伝えたいときには，分散和音は適さない。分散和音の快さが，マイナス要素となっていると思われる。そういった用途のサイン音には，断続音や変調音を利用したほうが意図を的確に伝達できる。サイン音への音楽的要素の活用は，用途に合わせて行うことで，その特徴を活かすことができる。

3.12　ホイッスルにふさわしい音響特性

ホイッスルは合図や警告の意を示すための携帯に優れた器具であり，スポーツの試合や交通整理など，幅広い場面で使用されている。このようなホイッスル音もサイン音の一種と考えられる。ホイッスルは，周囲に歓声があふれる場所や雑踏の中で用いられるため，さまざまな騒音のもとでも聞き取れるように大きな音量が出せるとともに，認識されやすい音質を目指す必要がある。また，常に近い距離で音を聞く審判員や，歩行者などが意図せずに聞く場合を考えると，快適性（不快でない音質）もある程度は必要とされる。

私たちの研究室では，各種の市販のホイッスル音の解析と印象評価実験を行い，ホイッスル音の音響特性とホイッスルらしさ，警告感，快さの関係を解明した[23),24)]。

体育の授業や交通整理などで頻繁に用いられるコルク玉タイプ（あるいはパイプタイプ）のホイッスルの音を分析した結果，基本周波数が3.5 kHz周辺で倍音構造を示しているが，第2倍音以上のエネルギーは小さく，基本音のエネルギーが支配的であることが示された。さらに，振幅および周波数が周期的に変動（振幅変調，周波数変調）していることがわかった。

ホイッスルで観測された振幅変調および周波数変調が「ホイッスルらしさ」に及ぼす影響を確認するため，振幅変調（AM：amplitude modulation），周波数変調（FM：frequency modulation），およびその両方（FM-AM）を組み合わせた合成ホイッスル音を用いて印象評価実験を行った。**図3.12**に，実験結果を示すが，振幅変調よりも周波数変調のほうが「ホイッスルらしさ」に及ぼす影響が大きいこと，および周波数変調と振幅変調の両方を組み合わせることでさらに「ホイッスルらしさ」が高まることが示された。

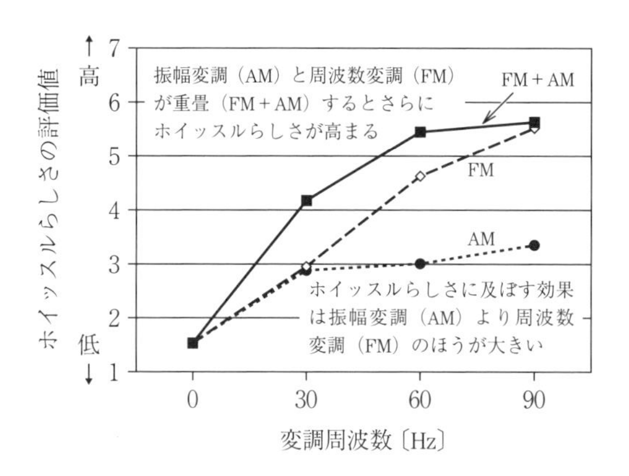

図3.12　ホイッスルらしさの評価に及ぼす振幅変調（AM）と周波数変調（FM）とその両方の重畳（FM＋AM）の影響

さらに，さまざまな音響特性を持つ合成ホイッスル音を用いた印象評価実験によって，ホイッスル音の快さ，警告感，ホイッスルらしさの印象がある程度成立する音響特性として，基本周波数3 400～3 600 Hz，振幅変調度0.4～0.8，周波数変化幅200～400 Hz，振幅および周波数の変調周波数60～90 Hzであるという実験結果を得た。**図3.13**に，変調周波数の影響を示すが（振幅

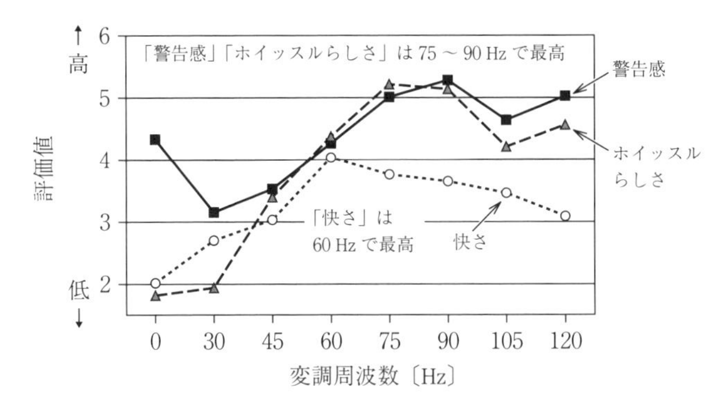

図 3.13　ホイッスル音（振幅変調と周波数変調の両方を伴う）の変調周波数が警告感，ホイッスルらしさ，快さに及ぼす影響

変調と周波数変調の両方を伴う条件で），「快さ」は変調周波数が 60 Hz で最高になり，「警告感」「ホイッスルらしさ」は 75 ～ 90 Hz で最高になる。これらの変調周波数帯はラフネス（あらあらしさ）が感じられる領域で，コルク玉タイプのホイッスルの音においては，ある程度ラフネスが感じられるほうが「快く」「警告感」があり，「ホイッスルらしい」音になる。

3.13　視覚障がい者のためのサイン音のユニバーサル・デザイン

バリアフリーな生活環境の創造は，今日の社会的要請である。体に障がいのある人，機能の弱った高齢者などにも暮らしやすい社会の形成が望まれている。ユニバーサル・デザインの思想は，こういった社会情勢のもとで提案された。その要請に従い，各種の法令が施行され，社会基盤も整いつつある。各種の乗り物，建物，公共空間などが，バリアフリー仕様に改善されてきた。

音響の専門家も，こういった社会的要請に応える必要がある。音環境のあり方を考えるときにも，バリアフリーの思想は必要とされる。サイン音においても，高域の周波数帯域が聞こえにくくなった高齢者への対策を施したサイン音，視覚情報が利用できない視覚障がい者に有効な情報を提供するためのサイン音，国際的に通用するサイン音などのデザインが必要とされている。とりわけ，音に頼って生活をしている視覚障がい者にとって，公共空間に配置されたサイン音は重要な情報源であり，有効に機能させるためには適切にデザインをする必要がある。

鉄道駅などの交通機関のサイン音に関しては，バリアフリー法の制定以来，音響案内システムの積極的な導入が推奨され，かなり整備がされてきている。2003年7月12，13日，福岡市営地下鉄唐人町駅で，視覚障がい者用の音響案内の効果を実証するために，音響案内システムを製造しているメーカ，視覚障がい者，福岡市交通局などが協力して，サイン音や音声案内の有効性に関する検証実験が行われた。この実験では，駅構内の各所に音響案内を設置し，視覚障がい者に歩行してもらい，本当に「音」が役に立ったのかを検証するために，視覚障がい者本人への聞き取り調査を行うとともに視覚障がい者の歩行指導員にも観察による評価を依頼した。私たちの研究室も，この検証実験に協力した[25]。検証実験の様子を，**図3.14**に示す。写真の中で，白杖を持っていたり盲導犬を連れていたりする人が視覚障がい者である。

図3.14　視覚障がい者を対象としたサイン音の有効性の検証実験の様子（福岡市営地下鉄唐人町駅にて）

各メーカが持ち込んだ音響案内システムは，サイン音（誘導鈴），音声案内，あるいは両者の組み合わせなどさまざまであった。音の鳴り方に関しても，一定間隔で音が鳴っているもの，センサで通行人を検知して音を鳴らすものだけではなく，視覚障がい者に送信装置を持たせて視覚障がい者が近づくと音が鳴るといった方式もあった。

視覚障がい者からは，音による誘導装置の有効性を評価する回答が多く得られた。ほかの人には騒音になりうることを考慮しつつも，各地での音響案内の設置を望む声もあった。しかし，同時にさまざまな問題点が指摘された。

音をきちんと聞こえる状況にするためには，サイン音や音声案内はある程度の音量が必要である。しかし，歩行指導員の行動観察によると，音の方向を正しく判断しているのか，正しく目的地に到達できたのかに関しては，音量との対応は認められなかった。

歩行指導員は，スピーカの取りつけ方に言及した。「天井埋め込み型や横壁に設置するタイプは，音源の把握が困難である。天井からぶら下げるタイプが音源定位に効果的である」との意見であった。

視覚障がい者に対する聞き取り調査によると，彼らは冗長な音声案内を嫌っている。彼らは，歩きながらサイン音や音声案内を認識しなければならない。メッセージを聞くために立ち止まりたくないとのことであった。ていねいな表現や形式的な挨拶は不要であろう。音声案内には，シンプルなメッセージが望まれる。

むすび ― サイン音の研究をメジャーにした ―

私たちの研究室では，サイン音に関してさまざまな観点から研究を進めてきた。私は，日本初（おそらく世界初）のサイン音に関する著書「サイン音の科学 ― メッセージを伝える音のデザイン論 ―」（岩宮眞一郎著，コロナ社，2012）を出版したが，その内容には私たちの研究室の研究成果も多く反映させた。

私たちの日常に多く用いられているサイン音であるが，私たちの研究がサイン音の存在，サイン音を適切にデザインすることの重要性を知らしめるのに大きく貢献できたと思っている。「サイン音」という用語を定着させることにもかなり貢献した。

音響学の世界では，音楽や騒音などの環境音，あるいは人間の声（音声）に関する研究はこれまでも多く実施されてきたが，サイン音に関する研究はそう多くはなかった。現在では，サイン音の研究もその重要性が認知され，さかんに行われるようになってきた。また，サイン音の用途が広がり，自動車関係，鉄道関係，家電製品などさまざまな分野の方々から相談を受けることも多くなった。

視覚とは異なり，聴覚はあらゆる方向からの音の情報を受け取ることができる。信号に対する反応時間も視覚より聴覚のほうが優れている。なにかをしているときに，メッセージを伝えるには，聴覚は最良なチャンネルである。その特性を活かすようなサイン音のデザインが望まれる。

参考文献

1) 岩宮眞一郎：サイン音のデザイン―メッセージを伝える音を操る術―，日本音響学会 2012 年春季研究発表会講演論文集，1491-1492（2012）
2) 山内勝也，高田正幸，岩宮眞一郎：サイン音の機能イメージと擬音語表現，日本音響学会誌，**59**，4，192-202（2003）
3) 山内勝也，岩宮眞一郎：振幅変調音の擬音語表現とサイン音としての機能イメージ，日本音響学会誌，**60**，7，358-367（2004）
4) 山内勝也，藤本直樹，高田正幸，岩宮眞一郎：短音の繰り返しパターンがサイン音の機能イメージに及ぼす影響，日本音響学会 2000 年秋季研究発表会講演論文集，357-358（2000）
5) 山内勝也，岩宮眞一郎：周波数変調音の擬音語表現とサイン音としての機能イメージ，日本生理人類学会誌，**10**，3，23-30（2005）
6) Katsuya Yamauchi, Ryo Miaguma, Jong-dae Choi, Masayuki Takada, and Shin-ichiro Iwamiya：A basic study on universal design of auditory signals in automobiles, Journal of Phsyiological Anthropology and Applied Human Science, **23**, 6, 295-298（2004）
7) 崔　鍾大，毎熊　亮，山内勝也，高田正幸，岩宮眞一郎：自動車内のリバース報知音にとって望ましい音響特性，日本音響学会誌，**61**，3，118-125（2005）
8) 崔　鍾大，山内勝也，高田正幸，岩宮眞一郎：自動車内のウインカー報知音にとって望ましい音響特性，音楽知覚認知研究，**11**，2，101-108（2005）
9) ポール・フレス著，ダイアナ・ドイチュ編，寺西立年，大串健吾，宮崎謙一監訳：音楽の心理学（上），第 6 章　リズムとテンポ，182-220，西村書店（1987）
10) 田口　学，崔　鍾大，山内勝也，岩宮眞一郎：自動車内のシートベルト非着用警報音にとって望ましい音響特性，日本音響学会九州支部第 6 回学生のための

研究発表会講演論文集，57-60（2005）
11) 田口　学，岩宮眞一郎：自動車内のサイン音に望ましい音響特性，聴覚研究会資料，H-2006-141（2006）
12) 杉原大志，岩宮眞一郎：サイン音の緊急感を段階的に制御するデザイン手法，日本音響学会 2015 年春季研究発表会講演論文集，1359-1362（2015）
13) 世良直博，岩宮眞一郎，高田正幸：評価グリッド法を用いたサイン音の緊急感の評価，日本音響学会 2015 年秋季研究発表会講演論文集，1281-1284（2015）
14) 世良直博，岩宮眞一郎，高田正幸：断続音を用いたサイン音の緊急感に対する周波数スイープ及び音圧レベル変化の影響，日本音響学会 2016 年春季研究発表会講演論文集，1433-1436（2016）
15) 出田猶貴，岩宮眞一郎：複数のスイープ音を組み合わせたサイン音の緊急感，日本音響学会九州支部第 11 回学生のための研究発表会講演論文集，29-32（2015）
16) 出田猶貴，岩宮眞一郎：断続スイープ音の緊急感に及ぼす音響的要因，日本音響学会 2017 年春季研究発表会講演論文集，1191-1194（2017）
17) 川合　潤，岩宮眞一郎：音によるタッチパネル操作感の向上，日本音響学会 2015 年春季研究発表会講演論文集，1445-1448（2015）
18) 藤田愛子，岩宮眞一郎：継時的に鳴る 2 音の音高変化がサイン音の機能イメージに及ぼす影響，日本音楽知覚認知学会平成 18 年度秋季研究発表会資料，89-94（2006）
19) Zohar Eitan and Roni Y. Granot：How music moves: Musical parameters and listeners images of motion, Music Perception, **23**, 2, 221-247（2006）
20) 岩宮眞一郎，中嶋としえ：サイン音に和音を用いることの効果の検討，人間工学，**45**，6，329-335（2009）
21) 福江一起，岩宮眞一郎：分散和音をサイン音に応用する試み～音高変化がサイン音の機能イメージに及ぼす影響～，音楽音響研究会資料，MA2011-31（2011）
22) 福江一起，岩宮眞一郎：分散和音をサイン音に応用する試み―メロディ式サイン音の有用性の検討―，日本音響学会 2012 年春季研究発表会講演論文集，1517-1520（2012）
23) 小山泰宏，田村貴恵，岩宮眞一郎，小川龍太郎：スポーツホイッスルの音質評価，聴覚研究会資料，H-2010-97（2010）
24) 小山泰宏，岩宮眞一郎，小川龍太郎：スポーツホイッスルの音質評価―合成音を用いた印象評価実験―，聴覚研究会資料，H-2010-157（2010）
25) Shin-ichiro Iwamiya, Katsuya Yamauchi, Kousuke Shiraishi, Masayuki Takada, and Masaru Sato：Design specifications of audio-guidance systems for the blind in public spaces, Journal of Phsyiological Anthropology and Applied Human Science, **23**, 6, 267-271（2004）

4 サウンドスケープ ―音環境と人間の関わりを探る―

私たちは生きている限り絶えず音にさらされており，環境の音は人間に大きな影響を及ぼす。また，環境の音には，人間が築いてきた文化や社会の特徴が反映されている。本章では，サウンドスケープの観点からの調査によって得た音と人間の関わりについての知見を紹介する。一連の研究により，日本の音環境の特徴，日本の音文化，さらに「日本人の音に対する感性」についてユニークな見解を展開できた。

4.1 サウンドスケープ（音の風景）の意味するところ

「サウンドスケープ（soudscape）」という用語は「サウンド（sound）」（音）と「スケープ（scape）」（「～の眺め」を意味する名詞語尾）を組み合わせてできた言葉で，視覚的な風景，景観（ランドスケープ：landscape）に対して「音の風景」あるいは「音風景」と翻訳されることが一般的である[1)]。

図4.1 サウンドスケープの概念を提唱したマリー・シェーファーと岩宮（2006年来日時に）

サウンドスケープの概念を提唱したのは，カナダの作曲家マリー・シェーファーである（**図4.1**）。シェーファーは現代音楽の作曲家ジョン・ケージの影響を受け，音楽家でありながら環境の音に興味を持ち，環境の音に対する啓発活動や調査を行うようになった。シェーファーは，講演などでしばしば「環境の中の音について語るとき，その概念を適格に表現する用語がなかったため，『サウンドスケープ』という言葉を生み出した」と語っている[2)]。シェーファーは，「サウンドスケープ」という用語をきちんと定めることで，環境の中に「音」が存在し，環境の音を意識することの重要性を示そうと考えた。

サウンドスケープの思想は，音を物理的存在として捉えるだけでなく，さまざまな社会の中で生活する人々がどんな音を聞いて，その音からどんな意味を受け取り，その音をどのように価値づけているのかということまでを対象とすることを志向する。私たちは「小川のせせらぎ」のように水の流れる音を聞いて，ただ「水の流れる音」だと認識するだけではない。過去の小川のせせらぎの体験などからの連想により，水音から涼しげなイメージや清涼感を覚え，快さを感じることができる。清涼感を覚えることが「意味を受け取る」こと，快さを感じることが「価値づける」ことなのである。音は単なる物理現象としてのみではなく，意味を喚起，触発する一種のメディア（媒介）としての機能を持つ。サウンドスケープの思想は，音の持つメディアとしての役割を重視する考え方なのである。

サウンドスケープの思想の特徴の一つは，「音をめぐる要素主義からの脱却」ということである。それは，音を環境から切り離さないで捉える姿勢を意味する。このことは，**図 4.2** に示すように，音を音環境全体の中で，さらには視覚も含めたトータルな環境の構成要素として把握しようという姿勢を意味する。また，音環境を考えるとき，社会や文化との関連も無視しないで積極的に取り込んで考えようとするのがサウンドスケープの立場である。伝統的な音響学は，個々の音を環境から切り離し，文化的背景を考慮に入れず，それらの「音響的性質」のみに執着してきた。その姿勢が，「音をめぐる要素主義」なのである。サウンドスケープの思

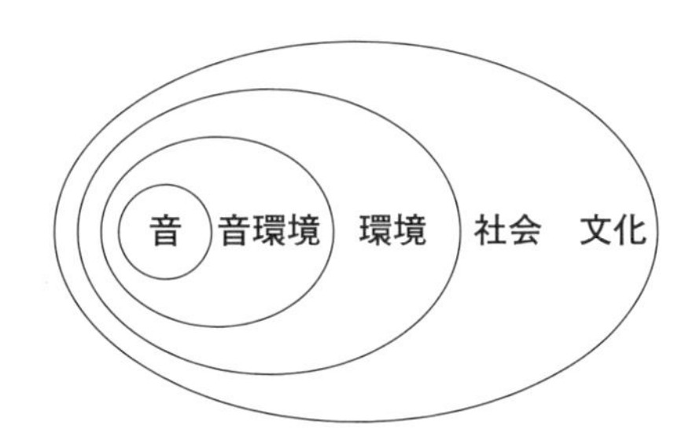

図 4.2　サウンドスケープの思想の特徴は，音を音環境とともに，環境の一部として，社会や文化との関わりの中で捉えること

想は，環境から切り離された個々の音ではなく，環境の中に実際に存在する音に着目しようという考えである。

小川のせせらぎの音は聞いていて心地良い音ではあるが，その音を聞いているときに小川のせせらぎだけが環境の中に存在するわけではない。自然の中で聞く小川のせせらぎの音は，まわりの木のざわめきや，落ち葉を踏みしめる音や，鳥のさえずりなどと一緒に音環境を構成する。木漏れ日の差し込む森や苔むした岩肌などの風景を眺めながら，共存する音とともに私たちは小川のせせらぎの音を聞いている。小川のせせらぎの音の心地良さは，小川のせせらぎの音響的特徴のみでは得られない。小川のせせらぎの音と共存する音環境，視覚的環境などのトータルな環境との相互作用によって得られるのである。サウンドスケープの思想は，音とトータルな環境との相互作用を重視する考え方なのである。

さらに，サウンドスケープ思想のもう一つの特徴として，音環境といったときの「環境」について，機械論的環境観から意味論的環境観へと見方を変えていこうという姿勢がある。

機械論的環境観というのは，**図 4.3** に示すように，「環境は，その中に存在する主体とは無関係に存在する周囲の物理的状況であり，主体に対して一定の刺激として作用する」という考え方である。音環境に当てはめると，音を物理的音響事象としてその量的側面のみを扱ってきた，従来の音響学的アプローチ

機械論的環境観
環境は，主体とは無関係に存在する周囲の物理的状況

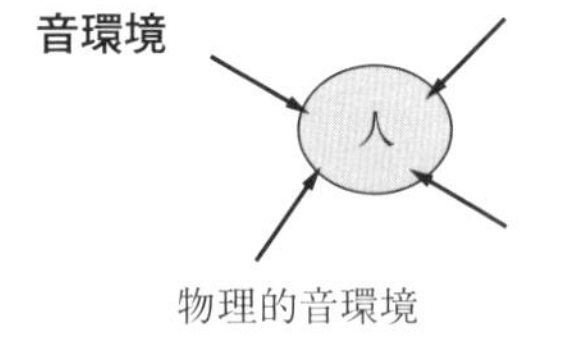

意味論的環境観
環境は，主体によって意味づけられ構成された世界

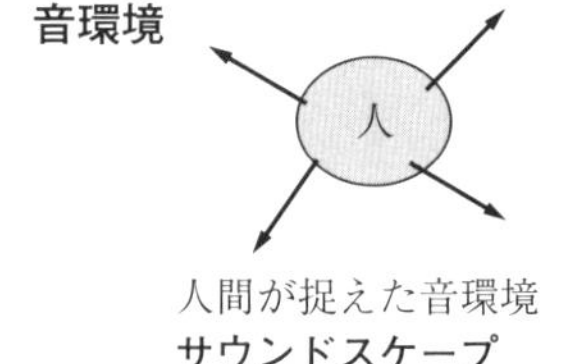

図 4.3　機械論的環境観および意味論的環境観に基づく音環境
（サウンドスケープは意味論的環境観に基づく音環境）

ということになる。意味論的環境観では，図4.3に示すように，「環境は，主体によって意味づけられ，構成された世界である」と考える。この考えを音環境に適用すると，「日々の生活において，実際に聞いている音環境の把握」ということになる。各人各様，感じたままの音環境が，おのおのにとっての意味論的音環境なのである。サウンドスケープの定義としてしばしば引用される「個人あるいは社会によってどのように知覚され，理解されるかに強調点の置かれた音の環境」という表現は，意味論的音環境のことを述べたものにほかならない。

商業空間で流されるBGMを心地良く楽しむ人もいれば，うるさいだけの存在であると嫌う人もいる。秋の虫の鳴き声などから季節の移ろいを感じ取る人もいれば，気にとめない人もいる。意味論的音環境は，音環境の物理的性質だけでは決まらない。意味論的音環境は，音を受け取る人間の感性のフィルタを通して構成される。

そのため，サウンドスケープの視点は，音の持つシンボリックな意味作用を重視する。意味作用を持つ音とは，地域を象徴する音や人々が愛着を憶える音，逆に忌み嫌う音などのことをいう。もちろん，音がさまざまな意味を担うようになるためには，文化的背景の影響を無視できない。大晦日の夜，除夜の鐘を聞いて去りゆく年のことを意識するのは，除夜の鐘の意味を理解しているからである。

サウンドケープの考えは，「音」と「人間」と「音が聞こえた状況（コンテキスト）」の相互作用を重視した立場である。同じ音を対象とはしていても，相互作用の影響を排除して純粋な形での音を捉えようとする音響学的な立場とは異なるアプローチで音と人間の関わりに迫るのが，サウンドスケープの姿勢なのである。

4.2 音響生態学はサウンドスケープの学問分野

「音響生態学（acoustic ecology）」（あるいは，「音の生態学」）は，サウンドスケープを提唱したマリー・シェーファーがサウンドスケープの研究を促すために提唱した学問領域のことである。音響生態学は，サウンドスケープが人間に与える影響についての総合的な学問分野ということができる。シェーファーは音響生態学が取り上げるべき研究テーマとして，「サウンドスケープの重要な特徴を記録し，その相違や類似傾向を書き留める」「絶滅に瀕している音を収集する」「新しい音が環境の中に野放図に解き放たれる前に，それらの影響を調べる」「音が持っている豊かな象徴性を研究する」「異なった音環境における人間の行動パターンを研究する」といった例をあげている。

従来，音環境の研究というと，「音圧レベル」とか「スペクトル」とかいった，一般の人にはなじみのない指標で捉えた自然科学的アプローチが主流であった。そのようなアプローチは，自然科学である物理学の一分野として発達してきた音響学的立場の方法論に基づいたものである。一方，音響生態学が対象とする研究テーマは，音響学などの従来から存在する音に関する学問領域が取り上げてこなかったテーマである。

自然科学は，日常から離れて自立した論理体系を築き上げることを目指す学問分野である。自然科学的立場では，音環境を研究対象としたとしても，現実の音の姿が見えて（聞こえて）こない。自然科学的立場で音環境の特徴を分析するために周波数や音圧レベルを相手にしても，実際に聞こえている音の様子を捉えることはできない。水を「H_2O」と表して，水の物理的特性を把握できても，水の感触を味わうことができないのと同様である。

これに対し「自然学」という学問分野では，対象はそのままの形で扱われる。自然学というのは，過度に専門化が進んでタコつぼ状態に陥っている自然科学へのアンチテーゼとして，今西錦司が提唱した総合的学問分野のことである。音響生態学の特徴は，聞こえてくる「音」をありのままの形で捉える姿勢にある。その意味で，音響生態学は「音の自然学」と位置づけられる。音響生態学は，「音」が聞こえる「音」の学問なのである。

自然学は，還元主義（レダクショニズム）の立場から細分化され，全体が見えなくなった自然科学へのアンチテーゼである。音響生態学も，還元主義へ陥った音響学が見過ごさざるをえなかった，人間との関わりや音を聞いた状況（コンテキスト）との相互作用を積極的に研究対象とする。そこに音響生態学の存在意義がある。私たちの研究室では，音響生態学の立場から，音と人間の関わり，音の文化的側面などを対象としたさまざまな研究を実施してきた。本章では，それらの研究を紹介する。

4.3 公園で好まれる音，嫌われる音

公園の音環境のあり方を考える上で，訪れる人がどんな音に愛着を感じ，どんな音に不快感を持つのかを明らかにしておくことは有益なことであろう。私たちの研究室では，「福岡市植物園」を対象として音環境調査を実施して，訪れる人が公園内にある音をどのように捉えているのかを考察した[3)]。調査対象となった「福岡市植物園」は，市民の自然とのふれあい，憩いの場で，休日には多くの家族ずれが訪れる。

この調査は，条件の均一化を図るために，あらかじめコースを指定して散策してもらった人（延べ66名）に対して行った。**図4.4**に，その散策風景を示す。回答者には，散策終了後，印象に残っているすべての音を記入してもらい，それぞれの音の好き嫌いとその音がまわりの景観と合っているかいないかについての評価（7段階の評価尺度を利用）を実施してもらった。その評価値に対して，「好感度」「合致度」という指標を定義した。好感度は，ある音に記入した人の数に，「好き-嫌い」尺度の平均評価値を掛け合わせた値である。合致度は，ある音に記入した人数に，景観と「合う-

図4.4　福岡市植物園で行った音環境調査での散策風景

合わない」尺度の平均評価値を掛け合わせた値である。さらに，その音からどのような印象を受けたのかを自由回答の形式で答えてもらった。

1年を通しての集計で，好感度の高かった音は，「壁泉の音」「水生植物園の流水の音」「広場の噴水の音」「鳥の声」「木の葉のざわめき」「風の音」などの自然音である。水に関わりのある音の好感度が高いことが大きな特徴となっている。これらの音は景観との合致度も高く，まわりの景観と調和の取れた音でもある。「壁泉」は園の入口正面に設けられた人工の滝で，入口広場のシンボル的存在となっている。「広場の噴水」は芝生広場の中心に設けられた池の噴水のことを指す。「水生植物園の流水」は園内に人工的に作られた小川で，その流れに沿って植物が植えられている。

「水生植物園の流水の音」を指摘した人は多くはないが，指摘した人の好みの評価値は非常に高い。小川のせせらぎをイメージさせる「流水の音」は音量が小さいため，聞き逃されがちではあるが，気がついた人の愛着は強い。小川のせせらぎの音は日本人好みの音として知られているが，この音はまさにそんな音である。豪快な滝音のようなイメージの「壁泉の音」は多くの人の印象に残る音で，流水の音ほどではないが好まれる音でもある。

これらの好感度の高い「壁泉の音」「水生植物園の流水の音」「広場の噴水の音」などの水の音に対する印象は，「すがすがしい」「涼しい」「気持ちいい」「落ち着く」といった「快適性」と関連したものが中心となっている。一方，好感度の低い「園内放送」や「飛行機の音」といった音は，「うるさい」とか「不愉快」といった悪いイメージの印象を持たれている。

季節ごとの好感度を見ると，「広場の噴水の音」のように四季を通して好感度がそれほど変化しない音もあるが，「水生植物園の流水の音」のように大きく変化する音もある。「水生植物園の流水の音」は，夏に好感度が高く，春や秋には好感度は低下する。この音は小さな音なので，入園者数の多い春や秋にはざわめきに埋もれて意識されにくい。その点，入園者数の少ない夏，冬には意識されやすい。そして，夏には，この音の持つ「さわやか」で「涼しい」印象により，好感度は上昇する。

「風の音」は，春，夏，秋の季節においては好感度の高い音であるが，冬には嫌われる。「風の音」は，寒さを際だたせる効果を持つのであろう。冬には，「風の音」が寒さのシンボルとして認識されている。

「木の葉の音」は，秋に好感度が高くなる。木の葉が風にゆられて擦れあう音が，秋を感じさせてくれるからであろう。

都市公園というのは，都会で暮らす人にとって自然との対話，気分転換の場である。そのため，自然を感じることのできる水の音などは好まれ，日常生活に引き戻されるような園内放送などの音は嫌われる。

ただし，都市公園で聞こえる「自然音」は，多くの場合，本物の自然から発せられたものではない。ほとんど，自然をまねた環境からのものである。それでも，自然を感じさせる演出というのは，公園においては有効なデザインとなりうる。特に，水音の心地良さを感じることができる水辺空間の配置は，ランドスケープ・デザインの観点からも重視すべき事項である。造園計画においても，水辺のサウンドスケープを考慮に入れた景観設計といったものがあってほしい。また，音による不快感を軽減するために，園内放送などは最小限にとどめる，音質に配慮するなどの対策を取る必要がある。

4.4　遊園地におけるBGMの演出効果

遊園地のような空間では，音楽（BGM）などを使って空間を楽しく演出しようというサービスが提供されている。遊園地は，自然の音に包まれた公園のように環境音を楽しむ空間ではないが，音楽が雰囲気を盛り上げることによって別の楽しみを与えてくれる空間といえるだろう。私たちの研究室では，福岡市の「かしいかえん」を訪れていた来園者に対してBGMに対するアンケート調査を行い，来園者がBGMに対して抱いている印象を明らかにした[4)]。調査を実施したのは，「かしいかえん」内の「シルバニアガーデン」（**図4.5**），「スーパーヒーローアスレチックランド前」（**図4.6**）という二つのコーナーである。

図4.5　BGMの調査を行ったシルバニアガーデン（かしいかえん）

図4.6　BGMの調査を行ったスーパーヒーローアスレチックランド前（かしいかえん）

シルバニアガーデンにおいては，「森のキッチン」「森の学校」「エブリ・ハッピネス」「森のマーケット」など，シルバニア・ファミリーのタイアップCD「シルバニア・メロディー」と「シルバニア・メロディー2」に収録されている楽曲が流れていた。現場で測定したA特性音圧レベルは，65 dB程度であった。アンケートの「流れている音楽がシルバニアガーデンの印象と合っていたと思いますか？」という質問に対しては，BGMを意識していた42名中45％の回答者が「とてもそう思う」，42％の回答者が「ややそう思う」と答えていた。来園者は，流れている音楽はこのコーナーの雰囲気とマッチしたものであると認識している。このコーナーの景観と音楽の印象評価実験によると，景観も音楽のいずれもが比較的「安らぎ感のある」印象で，聴覚的印象と視覚的印象が一致したことによって調和感が得られたと考えられる（5.5節，5.7節で述べる「意味的調和」に相当する）。

同じアンケートの「音楽が流れていることによって楽しさは増したと思いますか？」という質問に対しては，51％の回答者は「とてもそう思う」，44％の回答者は「ややそう思う」と答えていた。このコーナーで流されているBGM

は，遊園地滞在中に体験した楽しさの向上に貢献している。

もう一方の調査対象であるスーパーヒーローアスレチックランド前においては，特命戦隊ゴーバスターズのオープニング・テーマ「バスターズレディーゴー！」，仮面ライダーウィザードのオープニング・テーマ「ライフ・イズ・ショータイム」などテレビの戦隊ものあるいはヒーローものに使われている音楽が流れていた。現場で測定したA特性音圧レベルは，70 dBを少し超える程度であった。「音楽がスーパーヒーローアスレチックランド前の印象と合っていたと思いますか？」という質問に対しては，BGMを意識していた35名中56%の回答者が「とてもそう思う」，38%の回答者が「ややそう思う」と答えていた。シルバニアガーデンの場合と同様に，来園者は，流れている音楽はこのコーナーの雰囲気とマッチしたものであると認識している。このコーナーの景観と音楽の印象評価実験によると，景観も音楽も「にぎわいのある」印象であることが示されており，ここでも聴覚的印象と視覚的印象が一致したことによって調和感が得られたものと考えられる。

さらに，「音楽が流れていることによって楽しさは増したと思いますか？」という質問に対しては，57%の回答者は「とてもそう思う」，40%の回答者は「ややそう思う」と答えていた。シルバニアガーデンの場合と同様に，来園者の多くはBGMが流れていたことによって楽しさは増したと感じている。

これらの調査結果より，来園者はこの遊園地に流されているBGMに対してポジティブな印象を持っていたと考えられる。「かしいかえん」では，各コーナーの特徴を考慮したBGMが選曲されており，コーナーの雰囲気に合った音楽を流すことによって来園者が楽しめる状況を形成している。この調査により，空間を演出するために音楽を流すことの効果を実証できた。

4.5 環境音の認識や関心に対する携帯型音楽プレーヤによる音楽聴取の影響

オーディオで音楽を楽しむのは，かつては部屋の中でというのが一般的であった。しかし，ソニーが開発したウォークマンが大ヒットして以降その状況が一変し，今日ではヘッドホンやイヤホンを使って屋外で音楽を聴くことが普通になってきた。メディアがカセットテープからMDに変わり，さらにアイポッドのような駆動部分のない携帯型音楽プレーヤが登場し，プレーヤの小型化とともに屋外で音楽を聴く人が増加してきた。携帯電話やスマートホンも音楽再生機能を有するようになり，その機能を利用して音楽聴取に用いている人も増えてきた。

屋外で音楽を楽しんでいる人たちは，周囲の音が音楽によってマスキングされ，環境の中に存在するさまざまな音に気がつきにくくなっている。携帯型音楽プレーヤの使用は，どこでも音楽を聴けるという手軽さの一方で，周囲の音の情報を遮断してしまう危険性もはらむことになる。携帯型音楽プレーヤ使用中に，電車や自動車の接近などの危険に気づかずに事故につながった事例も報告されている。さらに，携帯型音楽プレーヤで耳を塞ぎ，周囲の音を遮断する行為は，鳥の鳴き声や葉の擦れ音など多くの人に好まれる環境音への興味，関心を低下させてしまう可能性も考えられる。その結果として，環境の中の音に対する美意識が失われるおそれもある。本来好まれるような環境音に人々が興味を失ってしまえば，それらの音は不必要な音，すなわち騒音と認識されかねない。

そこでその実態を調査するために，私たちの研究室では，携帯型音楽プレーヤで音楽を聴いている人への意識調査と音楽聴取レベルの測定を行った[5)]。併せて，実際に携帯型音楽プレーヤを用いて音楽を聴きながら屋外を歩行した場合と，音楽を聴かずに歩行した場合に，歩行中に聞こえた音に対する調査も実施した。

アンケートは72名の大学生を対象に行ったが，ほとんどの回答者は携帯型音楽プレーヤを所持し日常的に使用していた。携帯型音楽プレーヤで音楽を聴く状況としては，バス，電車，徒歩などの移動中が最も多く，なんらかの作業中，買い物中と続く。彼らはさまざまな状況で音楽を聴いている。携帯型音楽プレーヤを使用する理由としては「時間つぶし」や「気分転換」という回答が多い一方で，「周囲のうるささを緩和するため」「話しかけられたくないから」との回答も得られた。この調査により，携帯型音楽プレーヤの使用が，音楽聴取だけでなく，周囲との接触を断つための手段となっている状況が明らかとなった。

携帯型音楽プレーヤ使用時の危険性に関しては，危険な場面に遭遇したことがあるとした回答者は全体の16％であった。遭遇した危険な場面としては，「自動車や自転車と接触しそうになった」が最も多かった。この調査では，実際に事故に巻き込まれたという回答こそなかったが，携帯型音楽プレーヤ使用時に一歩間違えれば重大な事故につながりかねない場面に遭遇している使用者がかなりいる実態が明らかになった。

携帯型音楽プレーヤ使用時の環境音に関しては，20％の回答者が携帯型音楽プレーヤ使用時に「環境音をうるさいと感じる」「ややうるさい」と回答した。これらの回答者の中には，「音楽に集中したいので周囲の音は邪魔になる」「まわりの音を聞こえなくするために音楽を聴いているから」などという意見を持った回答者もいた。このような回答は，環境音を遮断するための手段として携帯型音楽プレーヤが使用されていることを示唆させる。携帯型音楽プレーヤを使用するようになってからの周囲の音に対する興味，関心の変化についての質問に対しては，26％の回答者が携帯型音楽プレーヤを使用するようになってから周囲の音への興味，関心が「減った」「やや減った」と回答している。この回答結果は，携帯型音楽プレーヤの使用によって周囲の音への興味，関心を失いつつあると自覚している使用者の存在を示している。これらのことから，携帯型音楽プレーヤの使用が，周囲の音への興味，関心を低下させる要因になっていることが危惧される。

携帯型音楽プレーヤを使用した音楽の最適聴取レベルの測定実験では，静かな環境下では平均的な聴取A特性音圧レベルは58 dBであったが，60 dB以上の騒音環境下では70 dBを超える。音楽によるマスキングの影響を考えると，携帯型音楽プレーヤを使用して屋外で音楽を聴取しているときには，危険を知らせるような周囲の音や多くの人に好まれる環境音に気づきづらくなっていると考えられる。

携帯型音楽プレーヤによって音楽を聴きながらの歩行時（散歩中）の音環境調査は，私たちの研究室のある九州大学大橋キャンパスの周辺で実施した。散歩経路の風景を，**図 4.7** に示す。調査は，音楽を聴きながら散歩する場合と聴かずに散歩する場合の 2 条件で実施した。散歩前に「歩行中に聞こえた音の調査」であることを伝えてしまうと，意図的に環境音などへ意識を強めてしまう可能性があるので，参加者には「散歩中に音楽を聴くことの影響を調べることが本調査の目的である」と偽の目的を伝えてから散歩に出掛けてもらった。歩行終了後に，「散歩に関するアンケート」として回答を求めた。アンケートでは最初に「散歩が楽しかったか」などの散歩に関する質問項目を設け，その後に歩行中に聞こえた音を書いてもらった。さらに，書き出された音の中で「大きいと思った音」「小さいと思った音」「好きだと思った音」「嫌いだと思った音」を選択してもらった。

図 4.7　携帯型音楽プレーヤによって音楽を聴きながらの散歩経路の風景（音楽を聴かずに同経路の散歩と比較する）

歩行中に聞こえた音としてリストされた音の数は，音楽を聴かずに歩行した場合のほうがはるかに多い。さらに，音楽を聴きながら歩行した場合には数名しか指摘しなかった「鳥の鳴き声」「葉の擦れ音」「風の音」は，音楽を聴かずに歩行した場合ではほぼすべての歩行者が指摘していた。このような結果により，音楽を聴きながら屋外を歩行した場合は，音楽の影響によって鳥の鳴き声などの環境音に気づきづらくなっていることが確認された。

「小さいと思った音」として書き出された音に着目してみると，音楽を聴きながら歩行した場合にはあげられていなかった「鳥の鳴き声」「葉の擦れ音」「風の音」が，音楽を聴かずに歩行した場合にはリストされていた。さらに，これらの音を「好きだと思った音」としてもリストしている人数が多いことから，携帯型音楽プレーヤを使用しながら歩行した場合には，音楽の存在によって本来「好き」と評価される小さな音に気づきにくくなっていると考えられる。

このような本来「好き」になるはずの音を音楽によって気づきにくくする行為は，それらの音への興味，関心の低下を招きかねない。調査後に「音楽がなくても環境音に耳を傾けることで十分散歩を楽しめた」との意見もあったことから，この調査自体が，音楽だけでなく，環境音にも耳を傾けることの意義を考えるきっかけにもなったようである。

4.6　外国人が聞いた日本の音風景

地域独特の習慣や文化を面白おかしく紹介するバラエティ番組（「秘密のケンミンSHOW」など）が，人気を集めている。同じような主旨の本も出版されている。こういった番組や本で紹介されている習慣や文化は，その地方ではごく普通のものとして特に意識されることはない。しかし，ほかの地域の住民から見ると「ありえない」習慣や文化であることも多い。両者の落差が大きいほど「ウケる」素材となる。

地域の音環境の特徴を考えるときにも，同じようなことがある。その地域に暮らす人たちにとって，当たり前になって特に意識されないような音が，ほかの地域の人たちにとって「不思議な」「目立つ」音として捉えられる。地域特有の音環境を捉えようとするとき，外部の人の意見を聞くことで興味深い指摘を受けることができる。

日本の音環境，音文化の特徴を捉えようとするとき，日本で暮らす外国人の「耳」が役に立つ。日本人が普段意識しない日本独特の音を指摘してくれる。その特徴が守るべきものである場合も，排除すべきものである場合もある。いずれにせよ，その特徴が日本独特のものであることを認識しておくことは，音環境のあり方を考える手がかりとなる。

私たちの研究室では，いろいろな形で福岡在住の外国人に対する音環境調査を実施してきた[6),7)]。「祭りの音」「お寺の鐘の音」「ししおどしの音」などステレオタイプ的な「日本の音」も，日本の伝統文化に伴う音風景として認知度は高い。私たち日本人にとっても，「日本の音」としての自覚もある。しかし，私たちの日常にとけ込んだ生活の音でありながら，日本特有の音の発見もあった。

多くの外国人が指摘する日本特有の音の一つに「暴走族の音」があった。暴走行為にはしる若者たちは，意図的にエンジン音を高らかに奏でながら街を疾走する。暴走族に対する意見は，「うるさい」「いらつく」など嫌悪感を表すものばかりであった。日本人に対する音環境調査においても，暴走族の音は「嫌いな音」の上位には必ず登場する。暴走族に対する嫌悪感は，日本人も外国人も変わらない。

諸外国にも暴走族は存在する。ただし，諸外国の暴走族は，あくまでも「走り」が目的なのである。走りの結果として，騒音をまき散らす。日本の暴走族と同じようにうるさい存在ではある。しかし，彼らはエンジン音を奏でることを目的にすることはない。

これに対して，日本の暴走族は，走ることよりも「音」を出すことを目的としているのではないのかと思われる。マフラーをはずしたり改造したりして，エンジン音を増大させ，意味のない「空ぶかし」を繰り返す。「音」で力を誇示しているのである。そのような音が，日本特有の音として認識されている。

なお，「暴走族」として指摘されたが，本当の暴走族というよりバイク・ライダーが暴走族っぽい走りをしている場合も多い。もっとも，真性の暴走族か否かは大きな問題ではない。オートバイの音は，本来しっかりと騒音規制されている。しかし，違法の改造などで「うるさい」オートバイが氾濫し，エチケット知らずのライダーの自己主張が蔓延している現状が問題なのだ。

これらの調査は20世紀末に福岡市内で調査したものであるが，数多く指摘された音に視覚障がい者のための「音響式信号機」があった。音響式信号機としては，調査当時，日本ではメロディ式と擬音式の2方式のものが併用されていた。福岡県ではメロディ式を採用していて，青信号のときに「故郷の空」（スコットランド民謡）と「とうりゃんせ」（日本のわらべ歌）のいずれかのメロディが奏でられていた。音響式信号機は諸外国でも多くあるが，メロディを奏でるタイプはないようである。そのため，音響式信号機から流れるメロディが，外国人の印象に残っていたものと思われる。

この調査の結果を，1998年に国際音響学会（ICA）やインター・ノイズ（国際騒音制御工学会）で発表したとき，メロディ式の音響式信号機をビデオで紹介した。「故郷の空」は，なぜか大受けしてしまった。聴衆は主として欧米からの参加者であったが，彼らにとってこっけいな光景だったようだ。また，「日本はスコットランドに著作権料を払うべきだ」との厳しい指摘もあった。残念ながら，この曲は作者不詳で，その必要はない。「とうりゃんせ」も同様である。

メロディ式の音響式信号機に対して，外国人の印象はおおむね好評であった。ただし，当時，日本人にはあまりいい印象は持たれていなかったようだ。メロディのみで単調な音色は，耳障りで調子はずれな印象を持たれていた。携帯電話の着メロのように多彩な音色や凝った伴奏をつけたりしたら，もっと親しまれる存在になったのではないだろうか。調査当時には，そんなことは簡単にできる状況だったはずである。

その後，視覚障がい者の利便性も考えて全国で統一しようとの方針が示され，音響式信号機は順次「ピヨピヨ」「カッコー」の擬音式に置き換えられ，メロディ式は姿を消しつつある。福岡でも，メロディ式はかなり擬音式に置き換わって，メロディ式は相当少なくなっている。いま調査をしても同様の結果が得られるかどうかわからない。それでも，まだメロディ式が街中に残っていたりする。最後のメロディ式の音響式信号機は，どこになるのだろう。

日本の夏の風物詩といえる「セミの鳴き声」も日本特有の音として捉えられている。日本の夏の音環境はセミの鳴き声で支配されるほど，セミは元気で鳴き続ける。天神（福岡市の中心部）の蝉時雨は，1997 年度に福岡市が音環境モデル都市事業の一環として選定した「残したい福岡の音風景 21 選」にも入っている。天神の街路樹に大量発生するセミは，ビルの谷間に響きわたる。

欧米では，セミが生息する地域は限られている。しかも，生息していても，アメリカなどでは「周期ゼミ」もしくは「素数ゼミ」と呼ばれる種類で，13 年とか 17 年に一度しか発生しなかったりする（ただし，大量発生する）。日本のように，夏の風物詩になるようなことはない。

アジア地域ではセミが生息する地域も多いが，福岡のように都会の真ん中で大量発生するような例は少ないようである。

日本特有の音として，「カラスの鳴き声」の指摘も多かった。その印象は，「縁起が悪い」「いやな気分」と，あまりいいイメージを抱かれてはいない。「聞くとなにか悪いことが起こるといわれている」「本国では縁起が悪いものであり，ほとんど見かけない」などという記述もあり，カラスを忌み嫌う共通の文化が存在するようである。

調査当時，日本各地の都市部で，カラスの大量発生が社会問題化していた。福岡市も例外ではなかった。外国人もその状況を敏感に捉えていた。都会の真ん中でもカラスが鳴いているという状況が，彼らにとっては不気味な光景だったようだ。

その後，カラスに対しては，各地方でさまざまな対策が取られている。最近，少しはその効果が現れたのかもしれない。カラスの鳴き声も，少しは減ってきたような気がする。

「物売りの声」も印象に残る音のようである。かつて，物売りは徒歩でまわっていた。売り声も肉声であった。いまでは自動車を利用して商売をしている。売り声も拡声器を用いてのものだ。しかも，多くはあらかじめ録音した声である。もちろん，どこの国でも物売りの声は存在する。しかし，「いーしやーきいもー」とかいった独特の歌うような節回しから，外国人は日本的な響きを感じているのである。

中には，石焼きいもの売り声を，「仏教に関係した祈祷」と勘違いしていた回答者もいた。回答紙に「仏教に関係した祈祷の車の音」とあり，不審に思い確認したところ，「いーしやーきいもー」の売り声であることが判明した。独特の節回しが，祈祷のように聞こえたのであろう。

「パチンコの音」も，日本独特の音として捉えられている。「うるさい」「にぎやか」という意見がほとんどであった。その中で，「あのうるささが人々のストレス解消の薬なのだろうか」という意見もあった。そのとおりだろう。

パチンコという娯楽自体が日本独自のものであり，パチンコ屋の音環境も一種独特のものといえる。パチンコ玉のぶつかる音，大音響で鳴らされる音楽，さまざまな電子音の渾然一体となった音環境は，ほかの国では体験できない日本独自のものだ。

いまではほとんど忘れさられているが，かつてはパチンコといえば「軍艦マーチ」のイメージが強かった。昔は電子音もなかった。パチンコ屋の音風景も，昔と比べればずいぶん様変わりしている。

4.7 日本らしいコミュニケーションが「文化騒音」を生み出す

同じ調査において，「バスの車内アナウンス」「電車，地下鉄のアナウンス」といったマイクを使った公共のアナウンスも，日本らしい音として多く指摘されていた。

日本の社会における過剰な公共のアナウンスに対して，「文化騒音」という観点からの批判もある[8)]。日本人が管理されることを望んでいるため，文化騒音があふれるのだという。電車で忘れ物をしたのは，「それを注意するアナウンスがないためだ」という論理だ。アナウンスを出す側も，アナウンスをすることによって責任を回避する。音を出す側と受け取る側がアナウンスの存在を前提とした社会を作り上げた結果，日本中に文化騒音があふれる結果になったという。

外国人から見ても，日本は公共のアナウンスが過剰であると映るようである。安全性の観点から，あるいはどうしても必要な情報伝達など，必要不可欠な公共のアナウンスも存在する。しかし，別になくてもそれほど不自由しないアナウンスも多く存在するのではないだろうか。

特に，鉄道の駅や列車内での公共のアナウンスの多さはよく指摘され，批判の対象とされることもある。かつて山陽新幹線の「博多 ― 新大阪」間を走っていたレールスターでは，アナウンスのサービスをなくした「サイレンス・カー」と呼ばれる車両があった。**図4.8**に，サイレンス・カーの座席前に置かれていた案内書を示すが，サイレンス・カーでは停車駅のアナウンスをしなかった。忘れ物の注意や，乗り換え列車の案内もなかった。「サービスをしないサービス」が成立するほど，日本の列車内は音にあふれているのである。「静かに旅をしたい」というニーズに応えたものだった。

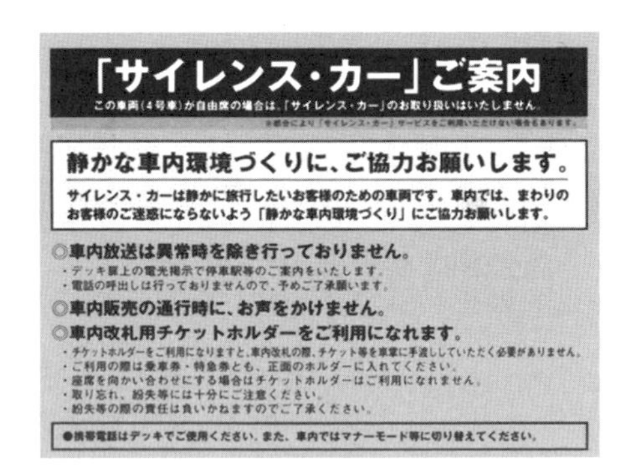
「サイレンス・カー」ご案内
この車両(4号車)が自由席の場合は，「サイレンス・カー」のお取り扱いはいたしません。
※都合により「サイレンス・カー」サービスをご利用いただけない場合もあります。

静かな車内環境づくりに、ご協力お願いします。
サイレンス・カーは静かに旅行したいお客様のための車両です。車内では、まわりのお客様のご迷惑にならないよう「静かな車内環境づくり」にご協力お願いします。

◎車内放送は異常時を除き行っておりません。
・デッキ扉上の電光掲示で停車駅等のご案内をいたします。
・電話の呼出しは行っておりませんので，予めご了承願います。
◎車内販売の通行時に、お声をかけません。
◎車内改札用チケットホルダーをご利用になれます。
・チケットホルダーをご利用になりますと，車内改札の際，チケット等を車掌に手渡ししていただく必要がありません。
・ご利用の際は乗車券・特急券とも、正面のホルダーに入れてください。
・座席を向かい合わせにする場合はチケットホルダーはご利用になれません。
・取り忘れ、紛失等には十分にご注意ください。
・紛失等の際の責任は負いかねますのでご了承ください。

●携帯電話はデッキでご使用ください。また、車内ではマナーモード等に切り替えてください。

図4.8　山陽新幹線サイレンス・カーの座席前のポケットに置いていた案内書

ただし，私の経験では，終着駅まで乗車する場合を除いて，サイレンス・カーは緊張する。絶えず駅名を確認しておかなければならない。居眠りや読書も楽しめない。不思議なことに，停車ごとの「いい日旅立ち」のメロディが恋しくなる。残念ながら，2011 年の九州新幹線の開通に合わせて，サイレンス・カーは廃止された。やはり，日本人は潜在的に公共のアナウンスを望んでいるのだろうか。

「選挙活動の音」も，日本の特徴であるようである。その印象は，「うるさい」「いらつく」といった否定的な回答ばかりである。選挙ともなれば街中で候補者の名前を連呼し，哀願調の絶叫を振りまきながら選挙カーが走りまわる。このような選挙のあり方に関しては日本でも多くの批判があるが，「選挙の音」は外国人にも迷惑を及ぼしているようである。

自動車のクラクションの使い方も，日本特有の音風景を作り出している。道を譲ってあげるとき，あるいは道を譲ってもらったことに感謝するとき，場合によっては知り合いへの挨拶などをする目的で，ごく短いクラクションを鳴らすことがある（法律では認められていない使用法ではあるが）。しかし，このようなクラクションの利用は，諸外国ではあまり例がないようである。私たちの研究室では，少なくとも韓国や中国では，このようなクラクションの利用はあまりされていないことをアンケート調査により明らかにした[9),10)]。この調査では，クラクションのうるささは韓国や中国のほうが日本よりも顕著であることを示したが，同時に韓国や中国ではクラクションをコミュニケーションのツールとして使う例は珍しいことを明らかにした。

4.8　ニュース速報のチャイムは日本独自の音

テレビを見ていると，時折，地震発生，選挙結果，大きな事故（航空機事故など）や事件，台風情報などのニュース速報のスーパー（字幕）が流されることがある。そのときに，同時に短い「チャイム」が鳴らされる。チャイムの音は，テレビ局によって異なるが，いずれも注意喚起のための音である。

私たちの研究室では，このチャイムに対する意識調査を行った[11)]。そのときに，海外との比較を試みようと，各国の留学生や世界音響生態学フォーラム（World Forum for Acoustic Ecology：サウンドスケープに関する活動を行っている国際組織で，雑誌を発行したり，国際会議を開催したりといった活動をしている）のメーリング・リストを通して，外国での状況を調査してみた。

しかし，諸外国では，同様のチャイム音は利用されていない，聞いたことがないとの回答しか得られなかった。2003年にインター・ノイズ（国際騒音制御工学会）でこの研究を発表したときに各国の参加者に確認してみたが，やはりだれも聞いたことがないとの回答であった。ニュース速報で注意喚起のためにチャイムを鳴らすのは，日本独自のシステムであるようだ（その時点ではということになるが）。

先に述べたように，日本では公共空間において，多くのメッセージがアナウンスで提供される。サイン音も多用されている。こういった公共空間の音の氾濫に批判的な人もいるが，多くの日本人は音でメッセージを伝えられることに慣らされている。あるいは，望んでいる。そういった背景が，ニュース速報にチャイムをつけるアイディアを生み出し，一般に受け入れられる下地を作っているのだろう。そういった意味で，ニュース速報のチャイムは，日本の音文化を反映したものといえるだろう。

最近，世界の各地で起こる台風（あるいはサイクロン，ハリケーン）や地震，津波といった大型の自然災害の被害，テロや暴動の発生などのニュースを聞くことが増えてきた。こういった災害や事件から被害を最小限に食い止めるためには，ニュース速報と注意喚起のチャイムが有効かもしれない。世界に向けて，日本の音文化を伝えてみるのも悪くない。

4.9　トイレ用擬音装置は日本の音文化

男性にはあまりなじみのない存在かもしれないが，公共的な場所の女性用トイレの多くには，「トイレ用擬音装置」と呼ばれる音響装置が設置されている（最近では，男性用トイレに設置されていることもある）。一般には「音姫」という名称のほうが親しまれているが，「音姫」はTOTOの商品名である（**図4.9**）。INAXでは「流水音」が用いられるなど，メーカにより名称が異なる。

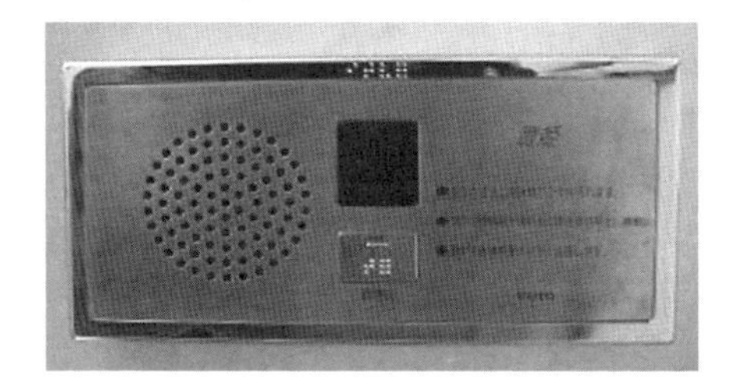

図 4.9　女性用トイレに設置されている音姫（TOTO）

トイレ用擬音装置とは，トイレを使用する際にセンサが感知する，あるいはボタンを押すと，スピーカから流水音またはフラッシュバルブ音を発する装置のことである。全国のオフィスビルにはトイレ用擬音装置が広く普及しており，デパート，ホテル，学校，駅などの公共トイレにも多く設置されている。機種によって若干音色は異なるが，基本的には流水音またはフラッシュバルブ音の「ザー」や「ジャー」とかのノイズ状の音である。もともとは，女性が用を足す音を他人に聞かれるのを嫌い，実際に水を流して音を出して，マスキングにより自分の音を聞かれないようにしていた。そのために流される水の無駄な使用を防ぐために，トイレ用擬音装置が開発され，節水意識の高まりとともに広まっていったのである。

トイレ用擬音装置は，日本独自の製品である。韓国などで利用されている例はあるが，海外ではほとんど普及していない。私たちの研究室の調査によると，トイレで用を足す音を他人に聞かれると恥ずかしいと感じることも，日本人女性特有の心理である[12]。海外の女性は，用を足す音を人に聞かれることに対して，あまり恥ずかしさを感じていない。排せつ音を自らの身体と関連づけて恥ずかしさを感じる感性は，日本人女性の美意識である。それを流水音でマスキングする工夫も，きめ細かな気配りを身上とする日本式サービスを反映したアイディアである。そういった意味で，トイレ用擬音装置は日本の音文化を象徴する存在といえるだろう。

日本を訪れる外国人女性は，このような装置が設置されていることにカルチャーショックを感じるらしい。きめ細かな心づかいとテクノロジーの融合に日本らしさを感じる女性もいる。

排せつ音をマスキングする装置は，江戸時代にもあった。「音消し壺」と呼ばれる装置である。壺の中に水を入れておき，栓を抜いて水を出し，その音で用を足す音を聞こえなくしたという。音消し壺は，岡山県矢掛町の矢掛脇本陣高草家に保存されている。青銅製で，蓋のつまみには親子の亀，水の流れる部分には龍の装飾が施された立派なものである。ここは，参勤交代で旅をする大名の宿であった。大名の姫君など身分の高い女性が用を足すときに音消し壺を利用したらしい。広島県福山市鞆の浦の太田家住宅にも，**図4.10**のような音消し壺が保存されている。

図4.10　広島県福山市鞆の浦の太田家住宅にいまも残る「音消し壺」

庶民の間でも，「かわやどびん」と呼ばれるもので水を注ぐなどして，小便の音をマスキングすることもあったという。大便の落下音をごまかす「かわやだんご」と呼ばれる道具もあったらしい。

4.10　紀行文に記された明治の音風景

日本の音環境について，貴重な記述を残した外国人たちがいる。明治時代に来日したエドワード・モースとラフカディオ・ハーンはその代表的な人物である。モースはアメリカ人動物学者で，大森貝塚の発見でその名を知られている。ハーンは「怪談」の作者として著名であるが，英語教師，新聞記者としても活躍した。彼らは，著書の中に日本の音環境に関する詳細な記述を残している。そこから，外国人が捉えた明治の日本の音風景の特徴が観察できる。

両者はともに来日直後を横浜で過ごし，「下駄の音」に出会う。モースは，「カラコロ」「カランコロン」「ガラガラ」とさまざまに鳴り響く下駄の音に耳を傾けた。ハーンも，最も愛した松江での1日を描いた「神々の国の首都」において，「大橋を渡る下駄の響きほど忘れ難いものはない。足速で，楽しくて，音楽的で，大舞踏会の音響にも似ている」と表現したように，下駄の音に対して強い愛着を感じていたようである。

また，盲目の按摩（あんま）が発する「あんまーかみしもごひゃくもん」といった呼び声や哀れっぽいの笛の響きにも，両者は興味を抱いている。いまはもう聞くことのできない音である。

彼らは，さまざまな物売りの声も聞いている。もちろん肉声だ。当時は，魚，菓子，花，バッタ，キセル，梯子など，さまざまな商品の行商人が街を往来していた。彼らの姿や声には，一つとして同じものはなかったという。

彼らは，さまざまな日本の音楽も聴いている。当時，日本を訪れた西洋人の中には日本の音楽を「音楽」と認めない人もいたが，彼らはそうではなかった。彼らが日本で聴いたのは，義太夫，雅楽，民謡といった聴かせるための音楽だけではない。田植え歌，ヨイトマケの歌といった労働歌にも，強い興味を抱いて聴き入っている。多くの肉体労働が機械にとって変わられたいま，このような労働歌に接することもなくなってしまった。

ハーンは，日本人が秋の夜に虫の鳴き声を求めわざわざ野辺にくり出すことにいたく感動し，「虫の演奏家」というエッセイを著した。この作品では，虫の鳴き声の特徴をつぶさに紹介するとともに，虫の音を詠った短歌を数多く紹介している。鳴く虫を売買する「虫屋」という商売があることにも興味を覚え，虫の値段を調べ上げた。虫の音を鑑賞する習慣のない西洋人は，美的感受性が未発達であるとまでいっている。

モースやハーンの記述を通して，当時の日本で聞くことのできた音の様子がよくわかる。彼らが記述した音の多くは，現代の日本では聞くことができなくなってしまった。日本人なら聞き過ごしてしまいそうな日常の音を，彼らが克明に記録してくれたおかげで，明治の音風景を味わうことができる。

4.11 歳時記に詠み込まれた日本の音風景

私たち日本人は，元来，環境の中に美的価値を見いだす文化を保ってきた民族で，音環境に対しても非常に繊細な感性で接してきた。秋の夜長，虫の音に耳を傾け，小川のせせらぎにさわやかさを覚え，鳥の鳴き声に季節の移ろいを感じてきた。また，このような音に関する鋭い感受性が，風鈴，ししおどし，水琴窟といった，日常生活にアクセントを添えるような，音を楽しむ文化を築き上げてきたのである。

しかし，騒音にあふれた現代の劣悪な音環境を招いたのは，私たちが環境の音に対する繊細な感受性を失いつつあるせいかもしれない。音環境のあり方を考えるためには，日本人がどのように音環境と関わりどのような音文化を培ってきたのかを，問いなおしてみる必要があるのではなかろうか。私たちの研究室では，俳句に詠まれた音風景を読み解くことにより，日本の音文化についての考察を試みた[13),14)]。

作者の感動を季語に託し，出会ったもの，感じたものを素直に詠み込んだ俳句には，さまざまな状況で捉えられた音環境が表現されている。俳句の中に表現されたサウンドスケープは，日本人の音感性を通して意味づけられ，音が風景の一要素として表現されたものである。それは，日常生活の中で，耳を傾け愛着を覚える音のコレクションにほかならない。俳句に詠まれた音は，サウンドスケープの研究素材としてうってつけである。

「秋の虫の鳴き声」は，ラフカディオ・ハーン（4.10節参照）が指摘するように典型的な日本人好みの音であり，日本人の音に対する嗜好が俳句の中の音環境にも現れている。そのため，「秋の虫の鳴き声」を詠んだ俳句は多い。「鈴虫の声ふりこぼせ草の闇 ― 亜柳」などの句が例としてあげられる。

「物売りの声」は，かつては町での季節感を形成する重要な要素であった。「夜のかなた甘酒売の声あはれ ― 原石鼎」の夏の夜の甘酒売り（かつて，甘酒は，夏の飲み物だった）や，「寝て居れば松や松やと売に来る ― 正岡子規」の門松売りのように，物売りは商品とともに季節の移ろいも運んできた。しかし，このような季節を感じさせる「物売りの声」は，時の流れとともに私たちのまわりから姿を消していった。たまに聞こえてくる「物売りの声」は，録音あるいは拡声されたものである。

「小川のせせらぎの音」も日本人好みの音として知られている。水辺のサウンドスケープは，俳句の世界にも頻繁に登場する。「六月の風にのりくる瀬音あり — 久保田万太郎」の句に見られるように，水の音の持つ清涼感が好まれて詠まれている。

お寺で行われてきたさまざまな伝統行事は，それぞれ独特の音環境を形成している。「水とりや氷の僧の沓の音 — 芭蕉」の句が，その例としてあげられる。また，日本の音文化の象徴ともいえる大晦日にお寺から聞こえる除夜の鐘の音が詠まれた句も多くある。「除夜の鐘幾谷こゆる雪の闇 — 飯田蛇忽」のような句がその例であり，日本の文化に由来した音環境が表現されている。

「雨の音」が詠まれている句は，季節独自の雨音をいかに表現するかで，その句の世界を成立させている。「川音に勝る雨音梅雨深し — 成瀬正俊」と「邯鄲のそれより細き雨音に — 山地曙子」の句を比較してみよう。それぞれ，梅雨時の激しい雨音，秋の穏やかな雨音を詠んだ句である。後者の句に登場する「邯鄲」は，鳴く虫の王と呼ばれ，ほかの虫よりも低い「リ　ルルルル」という鳴き声に特徴がある。この句の持ち味は，その邯鄲の鳴き声と穏やかな雨音を対比させたところにある。

「鳥の鳴き声」は，俳句の世界では多くの場合，季節の象徴としての意味を担っている。例えば，「うぐいすの音づよになりし二三日 — 去来」（江戸）という句においては，鶯の鳴き声が春の象徴として詠み込まれている。鶯の鳴き声が日増しに強まっていることで，日がたつにつれて春めいてきていることが表現されているのである。

「生活の音」に関しては，かつて「朝晴れにぱちぱち炭のきげんかな — 一茶」（江戸）のように，季節特有の音が多く詠み込まれていた。ほかにも，砧（木槌で布をやわらげるのに用いる石のことで，秋の季語）打つ音とか，年木樵（こり）（年末に山から薪を切り出して新年に備えること）の音などが「生活の音」として詠まれていた。しかし，このような音は現代の生活の中では姿を消し，まれにしか聞くことはできない。これらの音に変わって，今日，私たちの生活は家電製品からのノイズと無秩序なサイン音に満ちている。その様子を「掃除機のガガと鳴りをり露の家 ― 車端夫」のように詠み込んだ句もある[15)]。

俳句の中で詠まれた音環境は，私たちの身近に存在するサウンドスケープであり，日常生活に潤いを与えてくれる。しかし，これらのサウンドスケープは，さまざまな環境騒音があふれる今日，意識されないことも多い。快適な音環境を創造するためには，こういった音環境を意識することも必要であろう。

4.12　歳時記に詠み込まれた九州のサウンドマーク

「音」は地域社会とも密接に結びついている。地域のシンボルとして，そこに暮らす人たちに愛されている音も多く見受けられる。シェーファーは，共同体の人々に尊重されシンボリックな意味を担っている音のことを「サウンドマーク（ランドマークから作り出した造語）」と呼んでいる。俳句の中にも，さまざまなサウンドマークを読み取ることができる。私たちの研究室では，九州各地のことを詠んだ俳句に詠み込まれたサウンドマークを見つけ出し，そこに暮らす人たち，そこを訪れる人たちと音との関わりを通して，地域の音文化について考察した[16)]。

福岡市のサウンドマークの一つに「博多どんたくの音」がある。博多どんたくは，毎年5月に福岡市で行われる，日本最高の動員数を誇る祭りである。行列しながら打ち鳴らされる杓子（しゃくし）の音や人々の賑わいの音は，「風にのるどんたく浮かれぱやしかな ― 浮風」に詠まれているように，市内中に満ちあふれる。「博多娘杓子叩きて踊り抜く ― 河村すみ子」に詠まれている祭りで使う杓子の音は，「残したい福岡の音風景21選」にも選ばれている。

太宰府市にある観世音寺の梵鐘の音も地域を象徴するサウンドマークとなっており，「筑紫いま観世音寺の除夜の鐘 ― 飯島志つ子」のように詠まれている。この鐘はその美しい音色により国宝に指定され，「残したい日本の音風景100 選」にも選ばれている。

福岡県と大分県の県境にそびえる修験道の霊山，英彦山では，「ほととぎすの鳴き声」がサウンドマークとなっている。近代女性俳句の先駆者と称される杉田久女の「谺して山ほととぎすほしいまゝ」の句は，そのほととぎすの鳴き声を詠んだ句である。この句を背景にした「声はみな久女の木霊ほととぎす ― 加倉位秋を」といった句もある。

迫害されつつも，多くの人々がキリストの教えを守ってきた歴史を持つ長崎市の人たちにとって，「教会の鐘の音」は地域社会を象徴するサウンドマークとしてふさわしい。「晩鐘をしほに店閉づ氷菓売 ― 山内黎波」の句は，教会の鐘の音が人々の生活の中に根づいている様子をよく表現している。「オランダ坂背に聞く鐘や春の昼 ― 牧野寥々」は，風情あふれるオランダ坂の風景に鐘の音を添えたものだ。長崎らしい風景が目に浮かぶ。

大分県日田市の小鹿田焼きで使われる土を唐臼で搗く音も，特徴あるサウンドマークとなっている。「陶土搗く音のひびきや水温む ― 奥脇珠美」の句がその例としてあげられる。小鹿田皿山の唐臼（**図 4.11**）の音も，「残したい日本の音風景 100 選」の一つである。

熊本県では，「地鳴りして阿蘇の火口の斑雪 ― 衛藤圭子」に詠まれている「阿蘇の地鳴り」がこの地方のサウンドマークと考えられる。逆に，阿蘇山の

図 4.11　小鹿田皿山の唐臼（大分県日田市）

鎮まりによってもたらされる「静寂」も，「蓑虫の振子や阿蘇の鎮まれる ― 青島俊峰」のように俳句の素材になっている。それだけ，この地域社会において，阿蘇山の存在が大きいのであろう。

宮崎県の代表的なサウンドマークは，高千穂峡で営まれる「夜神楽の音」である。夜神楽は，民家や社殿を祭場とし，太鼓，笛，銅拍子の伴奏で繰り広げられる出雲系の神楽である。夜神楽は約800年の歴史を持ち，「夜神楽や今舞いし人太鼓打つ ― 槙田好甫」に詠まれているように，地域住民と密着した行事になっている。

鹿児島県の桜島の噴火音は，サウンドマークとして熊本県の阿蘇山に負けてはいない。「大歳の止めを打ちし噴火音 ― 佐藤恵美子」に詠まれているように，桜島の豪快な噴火音は薩摩隼人の象徴としてふさわしい。また，阿蘇山と同様，その静まりも「火の島の鳴りを鎮めし良夜かな ― 田ノ上千代子」のように俳句の素材として好まれている。

毎冬1万羽の鶴が訪れる荒崎（出水市）の「鶴の鳴き声」も，この地域のサウンドマークとなっている。「不知火の闇に目覚めて鶴の声 ― 平尾みさお」は，この地の冬の生活の1コマを詠み込んだもので，「鶴の声」が郷愁を誘う。この音も「残したい日本の音風景100選」に選ばれている。

太平洋戦争末期の沖縄戦での激戦地，糸満市摩文仁（まぶに）で毎年6月23日に営まれる慰霊行事「慰霊の日（沖縄忌）」の「しずけさ」もサウンドマークといえるだろう。「屋根獅子のだんまり深む沖縄忌 ― 浦廸子」はその代表句で，しずけさを「屋根獅子」（シーサーと呼ばれる沖縄独特の一種の魔除け）に託したところが沖縄らしい雰囲気を醸し出している。

俳句に詠み込まれた音から，九州各地の特徴的なサウンドマークをたどってみた。こういった音を意識し，保全していこうとすることが，音に対する豊かな感受性を育むのである。九州各地のサウンドマークは，村起こし，町起こしといったことを考えたときの，地域のシンボルとして活かせる「音」資源でもある。「音」を「売り」にした観光があってもいいだろう。この研究で得られた知見は，そのための基礎資料として活かしうる。

4.13　日本の音文化には「おもてなし」の精神が宿っている

さまざまな観点で日本の音環境の特徴について調査してきたが，日本の音環境には，日本人特有の配慮の行き届いた「おもてなし」のサービス精神が反映されているように思われる。「おもてなし」の精神が，日本独特の音文化を形成したといっていいのではないだろうか。

音響式信号機にメロディを使って親しみやすくしたり，公共空間ではきめ細かな情報をアナウンスで提供したり，乙女の恥じらいに配慮した音のサービス（トイレ用擬音装置）を考え出したり，ニュース速報に注意喚起の音をつけたりと，かゆいところに手が届く配慮をした結果が，音環境に反映している。たまに過剰なサービスがこっけいな音環境を生み出すこともあるが，そこに気を配ったサービスをしないサービス（サイレンス・カー）も成立していたりして，興味深い状況を垣間見ることができる。

また，日本人は，四季折々の変化を音で感じる感性，地域の象徴としての音を尊ぶ精神も保ち続けている。その様子は，俳句に詠まれたサウンドスケープから読み取ることができる。一方で，環境の変化や社会の変容とともに，季節や地域と結びついた音に対する感性を持ち続けるのが難しい時代になってきているのも事実である。

音環境のあり方を考え，音環境のデザイン方策をまとめるとき，日本の音文化，日本人の音に対する感性を十分に考慮することが，快適な音環境形成につながると考えられる。日本人の音に対する豊かな感性とおもてなしの精神は，今後も大事にしていきたい。

4.14　視覚障がい者が頼る「音」

視覚障がい者は，視覚的な情報を利用できないので，環境の中にあるさまざまな音を活用して自分のいる位置やまわりの状況を把握している。晴眼者だとさして気にとめない音でも，その場所固有の手がかりとして利用しているという。また，整備の進んできた音響式信号機・誘導鈴（視覚障がい者に場所情報を提供する誘導鈴も日本特有の音である）あるいは各種のサイン音やアナウンスには，視覚障がい者の支援に大きな役割を果たしているものも多いが（3.13節参照），活用しづらい事例や状況もある。私たちの研究室では，視覚障がい者が日常生活において，どのように音を活用しているのかの実態を把握するために，各地（札幌，福岡，関東地方）の視覚障がい者103名の協力を得て，アンケート調査を実施した[17]。

調査の結果，視覚障がい者は，音響式信号機・誘導鈴といった視覚障がい者を支援するための音情報や駅・車内での案内放送や各種サイン音ばかりでなく，沿道の店や街頭の音，周囲の人々の足音や話し声といった環境音も積極的に活用して歩行しており，自動車の騒音も周囲の状況を知るための貴重な情報として利用している状況が明らかになった。

特に重度の視覚障がい者は，音の響き方にも注意を向けて歩行するなど，身のまわりのあらゆる音から情報を得ようとしている。このため，街をもっと静かにして遠くの環境音も聞こえるようにしてほしいとの希望も示された。また，歩行訓練経験のある視覚障がい者は，つねに身のまわりのあらゆる音に注意を払い，それをうまく活用している。しかし，周囲の騒音により駅・車内の案内放送が聞き取れずに困るという回答や，自動車の騒音がうるさくて必要な音が聞こえないという回答もあり，音環境の現状に満足している状態ではないようである。

また，高い年齢の回答者は，若年の回答者に比べて沿道の店や街頭の音を手がかりにすることが少なく，音による案内の現状に対して不満を抱く割合が高いことが明らかにされた。年齢が高い視覚障がい者ほど中途失明者の割合が増え，環境音を利用する経験が不足している回答者の割合も高いものと考えられる。そのような事情が影響したのだろう。さらに，加齢に伴う聴力の低下により，高齢者は騒音の高い環境下では高い周波数の音は聞こえにくい状況になっている。視覚障がい者の半数以上は70歳を超えている。音による案内を考えるにあたっては，高齢の視覚障がい者においては高い周波数の音に対する聴力低下が生じていることも，十分に考慮する必要もある。

視覚障がい者は，昼夜を通しての音響式信号機の必要性を示す一方で，音響式信号機に対して近隣住民らから苦情があることもよく理解している。近隣住民への配慮は必要であり，なんらかの対策を講じた上で夜間も稼働することを望んでいる。駅の誘導鈴によって駅職員が精神的ストレスを感じている事例があることについても理解を示し，誘導鈴は必要であるが視覚障がい者が利用するときだけ稼働するシステムにするべきなど，なんらかの対策が必要であると考えている。さらに，音による案内全般についても，晴眼者と共用できるものがよいと考えている。

このように，音による案内は視覚障がい者にとって非常に有益な情報を提供しているのであるが，晴眼者への配慮も重視すべきという考え方を持つ回答者が多い。この調査で得られた多くの見解は，今後の音による案内システムのあり方への提言として活かすことができる。

4.15　視覚障がい者の歩行を妨げる雨音

音に頼って生活をしている視覚障がい者にとって，外出のとき，晴天時でも数々のバリアが存在するが，雨天時にはさらにバリアは高くなる。雨が降っているときには，雨の音で普段利用している周囲の音が聞き取れなくなるという状況も加わり，より慎重に行動せざるをえないという。私たちの研究室では，雨天時の視覚障がい者の歩行環境に注目し，雨音が視覚障がい者の歩行に及ぼす影響について調査を行った[18]。

多くの視覚障がい者が「晴れの日に比べて雨の日の環境騒音はうるさく感じる」「雨の日は晴れの日よりも歩行が困難である」「雨の日は晴れの日よりも必要な音が聞き取りにくい」「雨のせいで必要な音が聞こえず危険な思いをしたことがある」「雨の影響で距離感がつかみにくくなる」など，雨音に対する不満を示している。「車の走行音のシャーシャーという音がうるさい」「雨の音で必要な音が聞こえない」「普段頼りにしている音が聞こえない」といった意見もかなりあった。

また，「傘をさした影響で音環境が普段と異なる」「雨の音が傘に当たりうるさくなる」という意見が最も多く，傘をさすことによってさらに雨音の悪影響が顕著になることも明らかになった。傘に当たる雨音は，周囲の状況を知るのに必要な音をかき消してしまうようである。

さらに，「雨のほかには風の影響も大きい」「風切音で周囲の車の音が消されて危険」など，風の音の悪影響に対する指摘も多くあげられていた。

実際に雨が音環境に及ぼす影響を把握するために，交通量の多い大通り，住宅街，車が通らない大学構内の3地点で雨天の日に騒音レベルを測定した。雨量に関しては，弱い雨（1時間の雨量が3 mm未満），やや強い雨（1時間の雨量がおよそ10～20 mm），強い雨（1時間の雨量がおよそ20～30 mm）の3条件で測定を実施した。環境騒音に関しては多くの測定結果があり，公にされているが，雨の日には騒音測定が中止されることが一般的で，雨の日の環境騒音のデータは利用できなかったので，このような測定を行った。さらに，同様の降雨条件下で，大学構内において，ビニール素材，ナイロン素材，布素材の傘をさした状況での騒音レベルも測定した。各条件下での騒音レベルを，**表4.1**に示すが，晴れの日に比べ強い雨の日には騒音レベルは10 dB以上上昇していた。強い雨の日の6車線の道路脇においては，騒音レベルは90 dB近くになる。傘をさした際の強い雨の場合には，傘をさしていない晴れの日に比べて30 dB以上高くなる（大学構内での比較）。また，傘の素材の違いによっても騒音レベルに差があり，布製の傘に比べナイロン製の傘をさした場合には騒音レベルは10 dB程度高い。強い雨の日にナイロン製の傘をさすと，84 dBの騒音にさらされることになる。

これらの測定結果は，音を手がかりに生活している視覚障がい者が雨の日の音環境に不満を抱くのもやむをえないことを示すものである。雨の日には，視覚障がい者はより高いバリアに立ち向かわなければ暮らしていけない状況を理

表 4.1　雨の日の騒音レベル（道路脇と傘の中）

（a）　道路脇で測定した雨の日の騒音レベル（晴天のデータとの比較）

	晴天	弱い雨	やや強い雨	強い雨
6 車線道路	73.3 dB	77.5 dB	82.2 dB	89.7 dB
2 車線道路	52.2 dB	56.4 dB	68.2 dB	73.2 dB
大学構内	46.3 dB	47.2 dB	58.7 dB	60.3 dB

（b）　傘の中での雨音の騒音レベル（大学構内）

傘の素材	弱い雨	やや強い雨	強い雨
ビニール	53.0 dB	71.3 dB	80.2 dB
ナイロン	55.2 dB	75.4 dB	84.1 dB
布	48.3 dB	67.3 dB	76.3 dB

解しなければならない。

その一方で，雨の影響により音環境に利点が生じることも認められており，「雨の音の影響で停車中の自転車や自動車などの障害物が察知しやすくなる」「雨が当たる音がして，障害物の存在に気づくことができる」といった意見も寄せられた。

この研究では対象とすることはできなかったが，1 時間の雨量が 50 mm を超える「ゲリラ豪雨」の状況下では，もっと騒音レベルも上昇し厳しい状況下であると想像できる。「ゲリラ豪雨」に見舞われた地域では，防災無線も聞こえなかったという報告もしばしばあり，視覚障がい者のみならず晴眼者も「雨の音」の影響を受けている。

むすび ― サウンドスケープは私の人生を変えた ―

私が「サウンドスケープ」に興味を持つようになったきっかけは，「波の記譜法」と「世界の調律」（いずれも 1986）の 2 冊の書物であった。そのころ，私はすでに音の感性的側面に興味を持ち，音響心理学的な研究をしていた。音響心理学的な立場の研究は，音の物理的な性質と人間の感性との関係を明らかにするために有効なアプローチではあるが，自然科学特有の還元主義的な立場に基づくため，音の持つ文化的あるいは社会的な側面には踏み込めないもどかしさを感じていた。サウンドスケープの思想を取り入れることは，自然科学的な立場が排除しようとするコンテキスト（文脈）を重視する姿勢で音を捉えることである。サウンドスケープの思想を取り入れて研究を行うことは，音の持つ文化的側面，社会的側面に踏み込むためには有効な手段であった。私自身，「サウンドスケープ」との出会いによって，音との関わり方が変わったと思う。

サウンドスケープの研究に10年あまり取り組んだのちに，「音の生態学 — 音と人間のかかわり —」（岩宮眞一郎著，コロナ社，2000）を出版した。この本は，私にとって初の単著で，私たちの研究室で行ったサウンドスケープに関する研究成果をまとめた内容であった。おかげさまで，この本により学会などに縁のない方々にも，私たちの研究に興味を持ってもらうことができた。サウンドスケープは，私にそのような喜びも教えてくれた。いま改めて，サウンドスケープに感謝したい。

参 考 文 献

1）岩宮眞一郎：サウンドスケープの思想とその展開，音楽知覚認知研究，**12**，1/2，49-54（2006）
2）岩宮眞一郎：マリー・シェーファー講演会イン福岡，サウンドスケープ，**9**，61-68（2007）
3）岩宮眞一郎，中村ひさお，佐々木實：都市公園のサウンドスケープ―福岡市植物園におけるケース・スタディ―，騒音制御，**19**，4，198-201（1995）
4）青野まなみ，濱村真理子，岩宮眞一郎：遊園地におけるBGMの効果―「かしいかえん」をケーススタディとして―，日本音楽知覚認知学会平成25年度春季研究発表会資料，19-24（2013）
5）濱村真理子，岩宮眞一郎：大学生に対する携帯型音楽プレイヤーの使用実態調査，日本音響学会誌，**68**，7，331-339（2013）
6）岩宮眞一郎，岡　昌史：外国人が聞いた日本の音風景―福岡在住の外国人に対する音環境調査―，日本生理人類学会誌，**3**，1，19-24（1998）
7）岩宮眞一郎，柳原麻衣子：福岡市在住のアジア系留学生に対する環境音調査，騒音制御，**23**，4，267-273（1999）

8) 中島義道：うるさい日本の私，洋泉社（1996）
9) 高田正幸，鈴木聡司，金　基弘，岩宮眞一郎：韓国における自動車の警笛の使用に関する状況調査，騒音・振動研究会資料，N-2014-50（2014）
10) 張　競一，高田正幸，岩宮眞一郎：自動車の警笛に関する意識調査—中国ハルビン市における調査事例—，聴覚研究会資料，H-2016-26（2016）
11) Shin-ichiro Iwamiya and Naoko Nishihira：Acoustic ecology of warning chimes used for television news-flash, Proc. of inter-noise 2003, 2849-2856（2003）
12) 岩宮眞一郎，植田美和子：トイレ用擬音装置に対する意識調査，騒音制御，**34**，5，418-422（2010）
13) 岩宮眞一郎，永幡幸司：俳句の中の音とその音が聞かれた状況の関係，騒音制御，**20**，3，161-165（1996）
14) 永幡幸司，前田耕造，岩宮眞一郎：歳時記に詠み込まれた音環境の時代変遷の統計的分析，日本音響学会誌，**52**，2，77-84（1996）
15) 中泉直之，永幡幸司，白石浩介，岩宮眞一郎：現代の俳句に詠み込まれたサウンドスケープの特徴，サウンドスケープ，**7**，57-64（2005）
16) 岩宮眞一郎：歳時記に詠み込まれた九州・沖縄の音風景，芸術工学会誌，13，12-17（1997）
17) 船場ひさお，上田麻理，岩宮眞一郎：視覚障害者のための音による移動支援に関するアンケート調査，日本音響学会誌，**62**，12，839-847（2006）
18) 上田麻理，高田正幸，岩宮眞一郎，豊田信之：雨音が視覚障害者の歩行に及ぼす影響，騒音・振動研究会資料，N-2006-14（2006）

5 映像を活かす音のチカラ

映像作品は，その映像に焦点を当てられることが多いが，音がないと作品として成立しない。映像に付加された音がシーンの状況を説明し，音がムードを構築し，音がストーリーを紡いでいく。本章では，「映像メディアにおける音の役割」について多角的に行ってきた研究を紹介する。一連の研究を通して，音は映像作品の「でき」を左右する重要な要素であることを示してきた。

5.1 映像メディアにおける音の役割

映画やテレビ番組のような映像作品は「映像」だけでは成立せず，「音」も欠かすことのできない構成要素となっている。映像作品では映像が重視されがちであるが，音を出さずにテレビドラマを見てもつまらないように，音は映像作品において重要な役割を担っている。

映像作品における音の役割は多岐にわたるが，通常，「脇役」扱いされている。しかし，主役の「映像」が引き立つのは，脇役の「音」がうまく機能してこそである[1)]。映像に加えられている音は，俳優の台詞や足音のように，映像に表現された対象から発せられる音だけではない。映像で表現された世界には存在しない効果音や音楽が，映像を演出するために用いられている。

サイレント（無声）映画時代においてさえも，上映される際には音楽や効果音が加えられていた。宮沢賢治の代表作の一つ「セロ弾きのゴーシュ」の主人公のゴーシュは，町の活動写真（映画）館でセロ（チェロ）を弾く演奏家であった。小説の主人公の職業に設定されるほど，映画を上映する際に音楽を演奏することが一般的であったのであろう。映像作品において，その表現形態が確立された当時から，効果音や音楽はなくてはならない要素であった。

効果音や音楽は，映像に表現された対象から発せられた音ではないので，映像作品に自由に加えることが可能である。ただし，どんな音でも映像に付加すれば効果的かというと，そうではない。的確に組み合わせた効果音や音楽は作品の質を高めるが，組み合わせに失敗すると映像作品は台なしである。作品としての質を高めるためには，音と映像を効果的に組み合わせなければならない。

映像作品の制作サイドでは，映像作品の中で音をどう使うかに関して，さまざまな工夫が凝らされてきた。映像作品における音づくりに関して，さまざまなノウハウも蓄積されている。しかし，映像作品における音の役割を学術研究の対象とすることは，ほとんどされてこなかった。

私たちの研究室で「映像作品における音」の研究を開始したのは 1980 年代終わりのころだった。それ以降，30 年近くもこの分野の研究を続けてきた。本章では，「音」が映像作品の中でどのような役割を果たしているのか，また映像コンテンツの効果を活かすためにはどのように音を機能させればよいのかを，私たちの研究室の成果をもとに述べる。

5.2　音が映像の印象を決める

映画やテレビドラマなどで用いられる効果音や音楽は，場面を強調したり，登場人物の気持ちを表したり，場面のムードを伝えたりと，さまざまな演出効果を担っている。登場人物の心理的なショックを表すのに，「バーン」という効果音をつける。アクション映画のカーチェイスの場面では，テンポの速い音楽で興奮をあおる。ホラー映画では不気味な効果音を強調することで，恐怖感を増大させる。恋愛映画の恋人たちが語らう場面では，ロマンティックな音楽を流すことでムードを盛り上げるなど，音の機能は多岐にわたる。

このように多岐に用いられる音のなかで，多彩な表現力を持つ音楽の効果を明らかにするために，私たちの研究室では，同一の映像素材に，調性（長調か短調か）やテンポ，伴奏形態を変えた音楽を組み合わせて，映像コンテンツの印象がどう変わるのかを評価実験によって調べる試みを行った[2)]。

映像素材としては，市販されている「スノーマン」および「ローリング・イン・ザ・スカイ」の一部を用いた。スノーマンを用いた映像素材としては，主人公の少年とスノーマン（雪だるま）が空を飛び回る場面を抜粋した。ローリング・イン・ザ・スカイでは，カナダ国防軍のアクロバット・チームによる9機編成の編隊飛行の場面を利用した。組み合わせた音楽素材は，「アバロン」という曲の一部を，さまざまな印象になるようにテンポや伴奏形態をアレンジしたメロディである。もともと長調であるメロディを短調にアレンジした音楽素材も用いた。

調性の違いは，映像の場面の印象を決める重要な要素であった。長調で構成されたメロディは「陽気な」印象，短調のメロディは「悲しい」印象をもたらす。音楽を組み合わせた映像の印象は，音楽の印象と同様の印象に感じられる。長調のメロディを組み合わせた映像は陽気な感じに，短調のメロディを組み合わせた映像は悲しい感じの印象になる。

スノーマンの映像に長調のメロディを組み合わせたときには，スノーマンと少年は楽しそうに空を飛びまわっているように見える。同じ映像でも，メロディを短調に変えると，まるでスノーマンが少年をさらっていったかのように見えてしまう。ローリング・イン・ザ・スカイの映像では，メロディが長調の場合には航空ショーを素直に楽しめるが，短調の場合には悲愴感が感じられ，「飛行機が墜落しそう」で心配になってしまう。

また，音楽のテンポは，音楽および視聴覚刺激の力動感に作用する。音楽の印象は，テンポが速い刺激ほど「白熱した」，テンポが遅い刺激ほど「淡々とした」印象になり，音楽の印象がそのまま視聴覚刺激の印象に反映される。視聴覚刺激の印象は，音楽のテンポが速いと「白熱した」，テンポが遅いと「淡々とした」方向に変化する。

さらに，スタッカート（演奏音を短く刻む），レガート（演奏音を音を長く引き延ばす）といった音楽表現が映像作品の印象に及ぼす影響も，別の映像素材を用いて検討した[3)]。用いた映像素材は，「ファンタジア」という映像作品集の「時の踊り」に含まれているカバがダンスをしているアニメーションと「ウインダムヒル チャイナ」の朝靄の中で人々が自転車に乗って行き交う中国の風景である。音楽素材には「ジムノペディ　第一番」の一部を用いた。

メロディの各音の長さを短くして，スタッカートの表現をつけたときには，音楽の印象とともに視聴覚刺激の印象は「軽やかに」なる。逆に，音の長さを長くして，レガートの表現をつけたときには，音楽および視聴覚刺激は「重々しい」印象に変化する。音楽のテンポの効果も大きい。音楽および視聴覚刺激に対して，テンポが速いと「軽やかな」，テンポが遅いと「重々しい」印象をもたらす。

テンポが速く，スタッカートの表現を用いた音楽を付加したときには，映像素材とした朝靄の中で人々が自転車に乗り行き交うシーンは活動的な街の風景に見える。しかし，同じ映像でも，テンポが遅く，レガートの表現を用いた音楽を付加したときには，自転車をこぐ人々の足取りが重々しく感じられる。

私たちは，映像作品を視聴するとき，作品を見ながら物語を組み立てる。音楽が聞こえてくると，その音楽によってもたらされた印象が映像作品の物語の解釈に影響を及ぼす。**図5.1**に示すように，聞こえてくる音楽の印象と見えている映像の印象が心の中で「共鳴」して，物語ができ上がるのである。多様な解釈の可能な映像の場合，音楽がその解釈を決定するといってもいいだろう。映画の予告編やCMで「全米が泣いた」などのキャッチフレーズが使われるが，「音楽が泣かせている」のである。音楽には，映像内容の解釈の方向を決定する（印象操作をする）チカラがある。

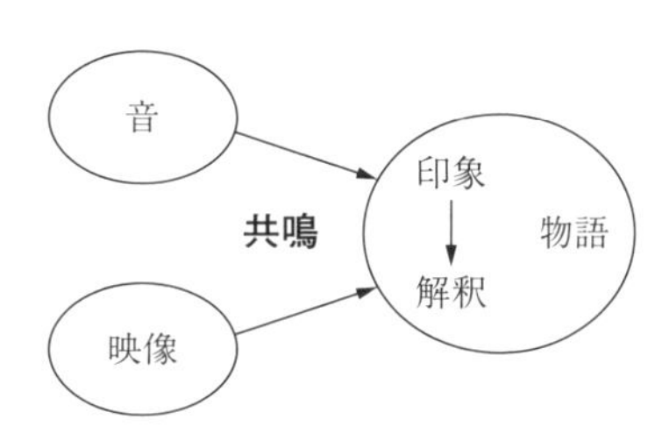

図5.1　音が映像作品の物語形成に影響する過程

5.3 音がリアリティを感じさせる

最近のテレビや映画では，アニメーションやコンピュータ・グラフィックスを用いた映像表現が多用されている。そこで表現された映像はバーチャルなもので，実体は存在しない。こういったバーチャルな存在にリアリティを与えるために，効果音が用いられる。音には，実体のない映像表現に「実体」を感じさせるチカラが備わっているのである。

よく情報提供番組などで見られる資料映像で，血管を伝わって人間の脳内に栄養分が伝達される様子を説明するのに，栄養分が移動するところをアニメーションにして映像化する。ただし，アニメーションの映像だけでは，その移動の様子はいま一つ伝わりにくい。栄養分の移動に合わせて「ピューピュー」と効果音を入れるとよりリアルな移動感が得られ，その様子が格段にわかりやすくなる。実際には，体内でそんな音はしない（実際にそんな音がしていたら，うるさくてしょうがない）。しかし，効果音がないときよりも，効果音をつけたときのほうがはるかに高いリアリティを感じることができる。

映画やテレビなどの映像メディアでは，情報を的確に伝達するため，補足するため，あるいは強調するために，テロップと呼ばれる文字情報を提示することがよくある。その際に，各種の映像表現を用いた出現パターンが用いられる。このとき，テロップの内容をより印象的にするため，文字の出現パターンに合わせて各種の効果音が付加される。

よく用いられるテロップに，1文字ずつ現れるというパターンがある。こういったテロップ・パターンには，各文字の出現と同期して「ダッ　ダッ　ダッ　ダッ」といった感じの，昔のタイプライタを彷彿させるような効果音が付加されている。私たちの研究室で行った実験によると，実際にこの種の効果音の付加はテロップ・パターンをより印象的にすることが明らかにされた[4)]。同じテロップに，効果音を「ボワーン」といった感じの音に入れ替えると，テロップの効果は半減する。フワッと文字列が出現するタイプのテロップの場合には，タイミングを合わせて「ボワーン」と鳴る効果音のほうがマッチする。

テレビ番組などで，ある映像シーンから別の映像シーンへ場面を転換するとき，さまざまな切り替えパターンが用いられる。切り替えパターンでは，前の映像を残しつつ，新しい映像が少しずつ現れながら切り替わる。例えば，各地の天気予報を当地の映像とともに伝える場合などで，それぞれの地域の映像が切り替わるときにこのパターンが用いられる。切り替えパターンは，場面転換が自然に行えるようにしたり，より印象的なものにしたり，句読点的意味合いを持たせたりと，さまざまな役割を果たしている[5)]。

映像の切り替えパターンは実体のないものなので，もともと音はない。しかし，無音状態での映像の切り替えからは，リアリティが感じられない。そこにリアリティを与えるために，「効果音」が用いられる。効果音の存在により，映像の切り替わりになんらかのエネルギーを使って移動したような実体感を持たせることができる。音の存在が，エネルギーを使って移動している様子を連想させるのである。

5.4 「音」で笑わせる

テレビの子供向けアニメやバラエティ番組などでは，おかしさを強調する効果音や音楽が多用されている。こうした「笑い」を誘発する音は，「面白コンテンツ」を制作するためにはなくてはならない要素である。ハリセンを使って人を叩くときに「ビシッ」「バシッ」と大げさな音を加えて，「つっこみ」を強調する。ギャグが滑ったときには，「カラスの鳴き声」や「お寺の鐘の音」で虚しさを強調し，逆に面白い場面に転換する。おかしさを強調するためにユーモラスな音楽，失敗した悲劇をより強調するための悲しげな音楽を組み合わせることもある。

面白おかしい場面を視聴者がテレビ局に提供する「投稿ビデオ」では，投稿された映像素材をそのままの状態ではなく，より面白おかしくするために効果音や音楽を付加して放送している。動物の落ち着きのない動きを強調するための「ヒュー　ヒュー」といった音を付加して，ユーモラスな様子を演出する。子どもが滑って転んだ場面には，「ドシン」とまるで天地がひっくり返ったような音をつけて，失敗したありさまを強調する。その後には，悲劇を強調するための音楽を流して，追い打ちをかける。視聴者は，音で笑わされているのである。

お笑い系の映像コンテンツに使われる効果音には，転んだりぶつかったりするときの音を誇張して表現した「誇張音」と，実際には音がしないモノ（人間，動物，乗り物，物体，キャラクタなど）の動きを音で表現した「イメージ音」がある。音楽としては，音楽の持つムードで映像の雰囲気を演出する「BGM」以外に，音楽から感じられるシンボリックな意味で映像内容を演出する「シンボリックな音楽」が多用されている。なにかが飛んでいく場面に円広志の「夢想花」（とんで，とんで，とんで，とんで…）を組み合わせるなど，歌詞の内容を映像と関連させて，おかしさをわかりやすくする工夫も施されている。

私たちの研究室では，テレビで放送されていた面白映像コンテンツを用いて，効果音，音楽などが付加されている場合と取り除いた場合を比較する印象評価実験を行い，音が加わったことによる効果を明らかにした[6]。視聴覚刺激は，「イメージ音」「誇張音」「BGM」「シンボリックな音楽」が利用されたものである。**図 5.2** に，実験結果を示す。いずれの刺激においても，これらの音を加えることで，加わっていない場合よりもより「面白い」「良い」「インパクトのある」「愉快な」「ユーモアのある」「ユニークな」印象になることが明らかになった。さらに，「イメージ音」「誇張音」「BGM」では，音の付加が「陽気な」印象をもたらすことが示された。しかし，シンボリックな音楽の場合には，音が加わったほうが「悲しい」印象になったにも関わらず「面白い」映像になった。この刺激の映像は，「男の子が誕生日ケーキのろうそくの火を吹き消そうとしたときに，兄に吹き消されてあぜんとし，がっかりした表情で終わる」内容で，このシーンの直後にバッハの「トッカータとフーガ　ニ短調」（嘉門達夫の替え歌「鼻から牛乳」の原曲）を付加している。この曲は映像内

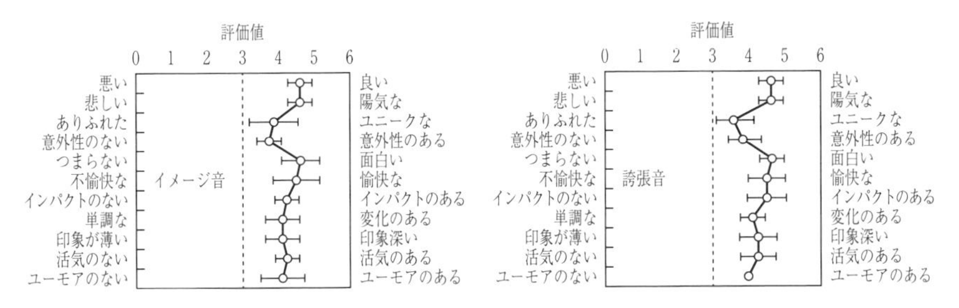

音を加えることで，より「面白い」「良い」「インパクトのある」
「愉快な」「ユーモアのある」「ユニークな」印象になる

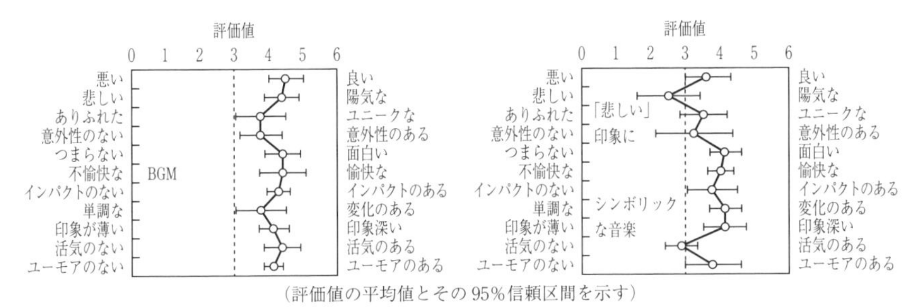

(評価値の平均値とその95%信頼区間を示す)

図5.2　音が面白映像の印象に及ぼす影響（音が加わったことによる印象評価値の変化：3が「どちらでもない」の中間値）

容の悲壮感を強調するために利用されることが多く，「悲劇的状況」をシンボリックに表現する曲として広く認識されている。この映像作品においては，映像と音楽の意味内容が調和することで悲劇性が強調され，「人の不幸は蜜の味」的な人間の持つ意地悪な感情と利己的な優越感が笑いを誘発したものと考えられる。

私たちの研究室では，さらなる印象評価実験により，「イメージ音」「誇張音」「BGM」「シンボリックな音楽」について，それぞれがどのように映像コンテンツの「笑い」に貢献するのかを明らかにした[7]。「イメージ音」や「BGM」の場合には，音自体の印象が面白いことが多く，音自体が持つ「面白さ」が映像の印象を面白くする共鳴的効果により，面白さが強調されている。これに対して，「誇張音」が効果的に働くためには，音自体が面白い印象を持つ必要はない。モノがぶつかったり，人を叩いたり，人が転んだりする映像に合わせて，そのときに発生する衝突音を誇張するような「大げさな」音であれば「面白さ」は強調される。

シンボリックな音楽の場合には，その曲に対する体験が鍵になる。よく知られた曲だと，「面白さ」を強調するのに効果的である。悲劇的な場面や失敗の場面にバッハの「トッカータとフーガ　ニ短調」やサラサーテの「チゴイネルワイゼン」，手品の場面にポール・モーリアの「オリーブの首飾り」などを組み合わせた例が多い。頻繁に使われる曲だと，実際の曲名を知らなくても，使われる状況を覚えているだけでも笑える（ベタな感じは否めないが）。シンボリックな音楽には，映画やテレビドラマのテーマ曲をパロディとして使うことも多い。「ゴジラのテーマ」「ジョーズのテーマ」「ロッキーのテーマ」などは，バラエティ番組の定番となっている。テーマ曲としてのイメージが笑いを誘発する要因となっている。

5.5　音と映像を調和させる

映像メディアを効果的に用いるためには，音と映像を「うまく」組み合わせることが重要である。音と映像の調和がうまくとれているほど，映像コンテンツの評価は高くなる。

一般に，音と映像の認知的なまとまりの良さ，つまり調和感を得るには，音と映像の「構造的調和（formal congruency）」および「意味的調和（semantic congruency）」を図ることが有効であるといわれている[8)]。構造的調和とは，音と映像の時間構造を一致させることである。意味的調和は，音と映像のそれぞれが持つ意味内容あるいは印象（情緒的意味）を一致させることによって得られる。

構造的調和は，聴覚的アクセントと視覚的アクセントが同期することによって形成される。音と映像の同期による調和といってもいいであろう。音と映像のアクセントを同期させる技法は，ディズニーのアニメーションで多用されたため，ディズニー・アニメの代表的キャラクタであるミッキーマウスの名前を借りて「ミッキーマウシング」と呼ばれている。ミッキーマウシングは，クラシック音楽にアニメーションの映像を組み合わせた作品集「ファンタジア」の「魔法使いの弟子」などで体験できる。魔法使いの弟子役のミッキーマウスの動きが，音楽と絶妙にマッチしている。

意味的調和は，陽気な場面には陽気な音楽，陰気な場面には陰気な音楽を組み合わせるなどして，視覚的印象と聴覚的印象を一致させることによって形成することができる。音と映像のムードの一致による調和といってもいいだろう。韓国映画「猟奇的な彼女」の脱走兵が投降する場面は，状況のめまぐるしい変化に合わせて音楽のムードも変化するが，すべての場面で意味的調和が形成されている。息詰まる場面では重々しいムードの音楽が組み合わされ，動きが活発になると音楽がリズミカルになり，しんみりした場面では情感あふれるピアノ曲が流れ，緊張がとけた場面ではコミカルな音楽に切り替わる。

さらに，「音と映像の変化パターンの調和」によっても，調和感を作り出すことができる。変化パターンの調和とは，なにかが上昇する映像に上昇する音高（ピッチ）系列を組み合わせた場合に得られる，自然な調和感である。各種の映像の変化パターンと音の変化パターンの間には，調和感を生み出すさまざまな組み合わせがある。

私たちの研究室では，音と映像の調和と作品の総合的な評価（良し悪し）の関係を明らかにするために，映像作品の一部を用いて音と映像の調和感と音と映像の良し悪しの評価実験を行った[9)]。視聴覚刺激としては，オリジナル作品をそのまま提示した刺激と，オリジナル作品の音を別のものに入れ替えた刺激を用いた。音と映像の調和感は，予想されるようにオリジナル刺激のほうが高く，音と映像の総合的評価もオリジナル刺激として提示した場合のほうが高かった（より良いと評価された）。音と映像の調和を形成することにより，映像作品に表現された音と映像のクオリティを高めることができることが示された。また，制作者は，音と映像を調和させることを意図して，作品を創造しているようである。

5.6 構造的調和は音と映像の時間構造の一致

私たちの研究室では，時々刻々の視聴覚刺激の音と映像の調和感を連続的に評価するという手法で，構造的調和が形成される過程を検討した[10)～13)]。音刺激はスネアドラム音の繰り返し，映像刺激は一つの色で覆われた映像画面における色の変化の繰り返しである。聴覚的（音の）アクセントはスネアドラム音の発生，視覚的（映像の）アクセントは画面の色の切り替えによって得られる。画面の色の切り替えに合わせてスネアドラム音が発生するとき，映像のアクセントと音のアクセントが同期し，構造的調和を得ることができる。

これらの研究では，音と映像のアクセントの同期性（同期するかしないか），アクセントの周期性（周期的かランダムか），アクセントの発生頻度（同期する場合は，同期の頻度），同期・非同期の前後関係などの要因も考慮した上で，さまざまな条件下における視聴覚刺激の音と映像の調和感を評価実験によって検討した。

音と映像のアクセントが同期した条件では，予想どおりに高い調和感を得ることができた。音と映像の調和感を連続的に測定する連続測定法によると，音と映像のアクセントが1秒に1回以上周期的に同期する条件では，刺激提示直後に調和感は急激に上昇し，その後調和感は高いレベルで安定していた。アクセントの同期頻度が1秒に1回よりも低い場合には，調和感の形成過程は緩やかになる。

音と映像のアクセントの発生頻度も，調和感に影響する。音と映像のアクセントが周期的に同期する条件では，1秒に1～2回の同期頻度の条件で調和感が最高レベルになる。同期頻度が1秒に2回より高くなっても，1回より低くなっても，調和感は低下する。音と映像のアクセントが同期しない条件では，もともと調和感は低いレベルであるが，1秒当りのアクセントの発生頻度が低くなると調和感はさらに低下する。アクセントの発生頻度が0.2秒に1回程度になると，同期条件でも調和感は高くならず，非同期条件でも調和感がそれほど下がらないため（同期条件よりは調和感は低いが），同期条件と非同期条件の調和感の差はかなり小さくなる。

音と映像のアクセントが1秒に1回周期的に同期する条件に対して，音を0.2秒ずらして同期しないようにしても，1秒に1回同期する条件よりは低いが，ある程度高いレベルの調和感を得られる。安定した周期性と音と映像のアクセントの周期が一致するような条件の場合には，厳密に同期していなくても，構造的調和が成立する。

音あるいは映像の一方のアクセントが周期的であっても，もう一方のアクセントの発生をランダムにした場合には，いずれの場合も調和感は低下する。この場合には，音と映像のアクセントが同期することはなく，構造的調和は成立していない。

音のアクセントも映像のアクセントも周期的ではなくランダムに発生するような場合でも，両者が常に同期している場合には高い調和感が得られるが，両方のアクセントが周期的である場合に比べると調和感のレベルはかなり低い。両方のアクセントがランダムに発生し，同期もしない条件下では，構造的調和を形成する要因がまったくなく，調和感は得られない。この条件では，同じ非同期条件でも音あるいは映像のアクセントのいずれかが周期的である場合よりも調和感のレベルは低い。これらのことから，アクセントの周期性が音と映像の調和感を高める効果を有することがわかる。

構造的調和は音と映像のアクセントの同期によって形成され，アクセントの周期性（規則性）が同期の効果を高めることが示された。音と映像のアクセントが規則的に発生することで，同期することが予測され，より高い調和感が得られると考えられる。同期の予測が効果的なアクセントの発生頻度は1秒に1～2回程度で，それよりも頻度が低くなっても高くなっても予測精度が低下し，高い調和感を得にくくなると考えられる。1秒に1～2回程度の周期的なアクセントの発生は，リズムパターンとしても自然に受け入れられ，アクセントのタイミングも予想しやすいのであろう。

さらに，私たちの研究室では，音と映像のアクセントが同期する条件と同期しない条件を連続して提示して，音と映像の調和感の連続測定実験を行うことにより，構造的調和における文脈効果について検討した。その結果，**図 5.3** に示すように，音と映像のアクセントが同期して得られる調和感は，同期しなくなった直後においてもしばらく保持さることが示された。調和感が保持される時間は，非同期になった条件においても音のアクセントの周期性が保たれた場合（上側のグラフ）のほうが，映像のアクセントの周期性が保たれた場合（下側のグラフ）よりも長い。非同期条件から同期条件に変化する場合にも，文脈効果があり，同期による調和感の形成が遅くなる。この場合も，音のアクセントの周期性が一貫している場合のほうが，調和感形成により時間を要している。以上の傾向より，音のアクセントが一貫して周期的に発生する場合には，音と映像のアクセントが同期しているのかしていないかの検知能力の感度が低下するものと考えられる。その影響により，構造的調和における顕著な文脈効果が生じているのである。

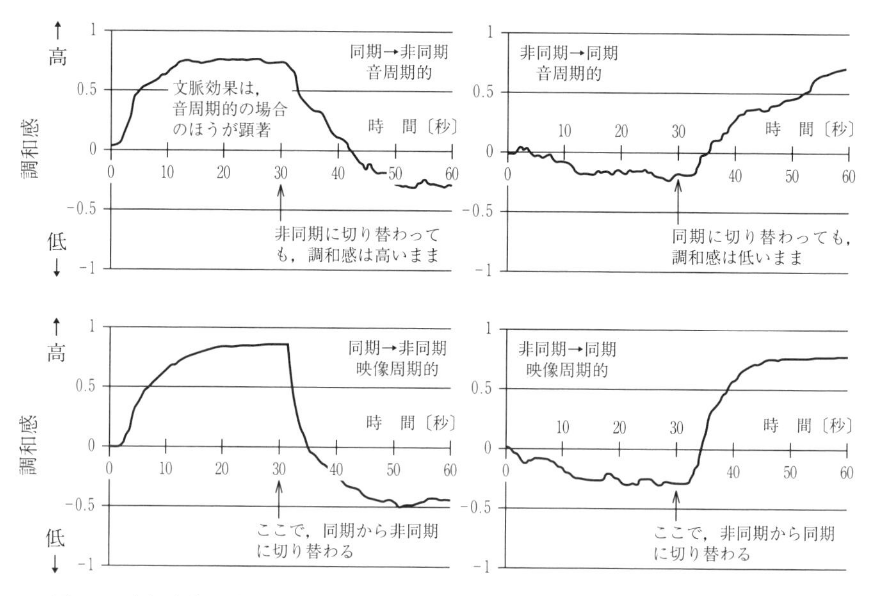

図 5.3　音と映像の構造的調和における文脈効果（同期→非同期，非同期→同期での調和感の連続測定結果：30 秒で切り替わる）

ミュージックビデオやメディアアートと呼ばれる映像作品などでは，映像の切り替えや変化と音楽のリズムを同期させたような手法が多く用いられている。ここで紹介した実験は，そのような手法の有効性を実証したものといえる。また，この研究で得られた知見は，映像作品の制作現場に活かしうるものである。

5.7　意味的調和は音と映像の印象の一致

私たちの研究室では，意味的調和の形成過程に関しても，明るい印象と暗い印象の映像刺激と音刺激を用いて検討を行った[14)]。明るい印象の映像刺激は笑顔の人物像，暗い印象の映像刺激は泣き顔の人物像である。明るい印象の音刺激は長3和音の繰り返し，暗い印象の音刺激は短3和音の繰り返しである。いずれも，印象評価実験により，意図どおりの印象が生じることを確認している。

意味的調和は，同じ印象の映像刺激と音刺激を組み合わせたときに形成される。実際に，明るい印象の映像刺激（笑顔の映像）と明るい印象の音刺激（長3和音の繰り返し），暗い印象の映像刺激（泣き顔の映像）と暗い印象の音刺激（短3和音の繰り返し）を組み合わせて音と映像の調和感の印象評価実験を行ったところ，高い調和感が得られた。明るい印象の映像刺激と暗い印象の音刺激，暗い印象の映像刺激と明るい印象の音刺激を組み合わせた場合，音と映像の印象が正反対のものとなり，意味的調和が形成されず，調和感も低いレベルであった。

調和感の連続測定実験によると，構造的調和の場合と比べると意味的調和に基づく調和感は緩やかに上昇する。**図5.4**に，音と映像の構造的調和と意味的調和の形成過程を示すが，構造的調和の場合には，聴覚的アクセントと視覚的アクセントの同期の検出のみにより短時間で調和感が形成される。これに対して，意味的調和の場合には，聴覚的印象と視覚的印象を感知し，両印象を比較した上で調和感を得ることになる。そのため，調和感の形成に必要な時間は構

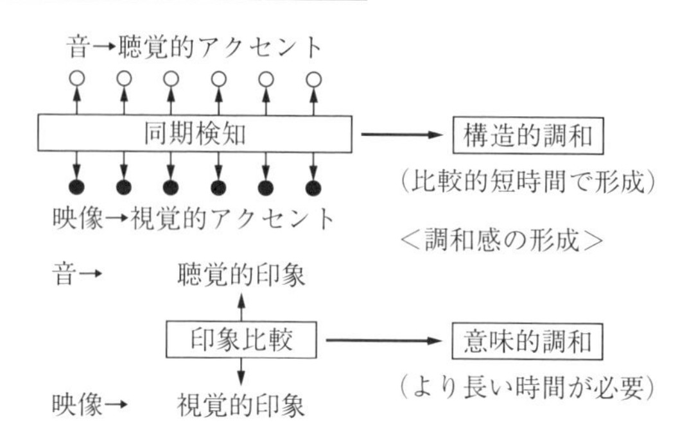

図 5.4　音と映像の構造的調和と意味的調和の形成過程

造的調和の場合よりも長くなり，意味的調和による調和感の形成過程は緩やかになる。

さらに，私たちの研究室では，テロップと効果音の調和感の評価実験においても，テロップの書体（フォント）や言葉の意味と効果音の印象を一致させることによって意味的調和が形成され，高い調和感が得られることを示した[15),16)]。また，テロップと効果音が調和している場合には，その視聴覚刺激の総合的評価も高まることが示された。印象の異なるテロップと効果音を組み合わせても，意味的調和は形成されず，調和感は得られない。その視聴覚刺激の総合的評価も低いレベルであった。

5.8　さまざまな要因に基づく映像と音楽による意味的調和

より複雑な状況下における意味的調和の成立過程を検討するために，私たちの研究室では，格子状の仮想平面上に配置した人形を右から左へと一定の速度で移動させたアニメーションを映像刺激として，さまざまな特徴を持った音楽と組み合わせて，音と映像の調和感の印象評価実験を行った[17)]。人形の移動速度は，速い条件と遅い条件の二つを設定した。人形の密度については，**図 5.5** に示すように，高密度と低密度の二つ条件を設定した。音楽刺激の素材として

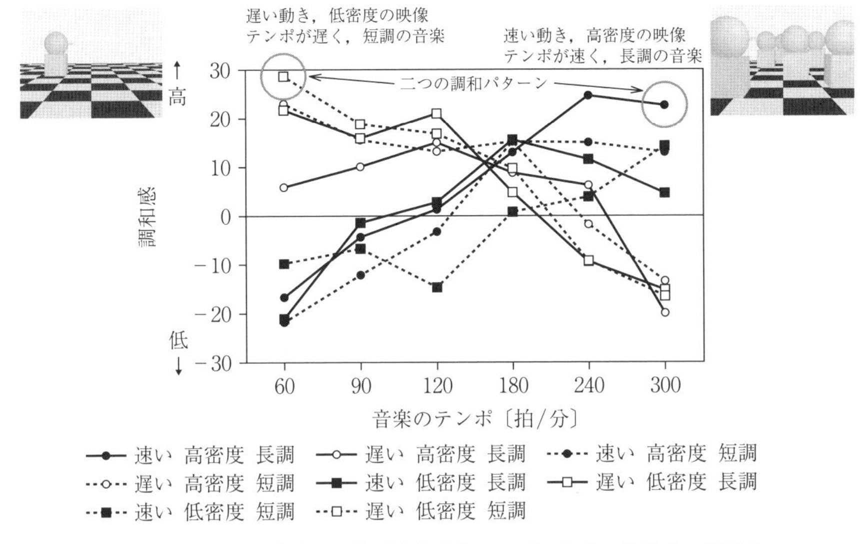

図 5.5　音と映像の意味的調和（音と映像のスピード感，混雑感，明暗感の一致による調和）によって得られた調和感の評価値

は，シンセブラス，ベース，ドラムの三つのパートからなる楽曲を用いた。この素材の長調のメロディとそれを短調にアレンジしたもの，それぞれについて6段階のテンポを設定したものが音楽刺激である。

印象評価実験により，図5.5に示すように，音と映像の調和感が非常に高い二つの音と映像の組み合わせのパターンが得られた。一つは「速い動きで高密度の人形群の映像とテンポが速く長調の音楽の組み合わせ」（グラフの右上）である。もう一つは「遅い動きで低密度の人形群の映像とテンポが遅く短調の音楽の組み合わせ」（グラフの左上）である。これら二つのパターンの映像と音を入れ替えた「速い動きで高密度の人形群の映像とテンポが遅く短調の音楽の組み合わせ」（グラフの左下）および「遅い動きで低密度の人形群の映像とテンポが速く長調の音楽の組み合わせ」（グラフの右下）では，調和感は低いレベルとなる。

人形の速度と音楽のテンポはスピード感と対応し，いずれも速いほどスピード感は増大する。人形の速度と調性（長調か短調か）の違いは，明暗の印象と関係する。速い動きと長調は明るい印象，遅い動きと短調は暗い印象を生じさせる。人形の密度と音楽のテンポは，混雑感と関係する。密度が高いほど，テンポが速いほど，混雑感は増大する。

調和感の高い二つのパターンでは，映像刺激（人形の速度，密度），音楽刺激（音楽のテンポ，調性）の各条件が，スピード感，明暗感，混雑感において，同じ印象を生じさせる組み合わせとなっている。2パターン中「高速度，高密度の映像と速いテンポ，長調の音楽の組み合わせ」は，「スピード感のある」「明るい印象」「混雑感の高い」音と映像の組み合わせである。もう一方の「低速度，低密度の映像と遅いテンポ，短調の音楽の組み合わせ」は，「スピード感のない」「暗い印象」「混雑感の低い」音と映像の組み合わせである。ここで得られた調和感は，視聴覚コンテンツの印象に同様の効果をもたらす視聴覚要因の組み合わせによるもので，やはり意味的調和に基づくものと考えられる。「高速度，高密度の映像と遅いテンポ，短調の音楽の組み合わせ」「低速度，低密度の映像と速いテンポ，長調の音楽の組み合わせ」は，映像と音楽が逆の印象をもたらすため意味的調和が形成されず，調和感は得られない。この実験結果において最も音と映像の調和感に影響を及ぼしていたのは，映像の速度と音楽のテンポのスピード感の一致であった。図5.5において，黒いシンボルの速い動きは速いテンポ，白抜きのシンボルの遅い動きは遅いテンポで，それぞれ調和感が高まっている様子が確認できる。

私たちの研究室では，音楽と色彩の調和感の印象評価実験を行い，別の角度から意味的調和の効果を検討した[18)]。この研究で用いた映像刺激は，ピアノの演奏風景を模擬したアニメーションである。この映像刺激では，ピアノの演奏風景に赤，黄，黄緑，緑，シアン（水色），青，青紫，紫の各色の照明を当てた状況をシミュレーションしている。音楽刺激はさまざまな印象を生じる8種類のピアノ曲を演奏したもの（MIDI音源で）である。8種類の色彩の照明を用いた映像と8種類の音楽を組み合わせて，音と映像（音楽と色彩）の調和感の評価実験を行った。

この実験によると，短調でテンポが速く「迫力があって」「暗い」印象の音楽は「青，青紫，紫，赤」と調和し，「黄，黄緑，緑，シアン」とは調和しない。同時に実施した音楽刺激に対する印象評価実験によると，「青，青紫，紫，赤」の照明は音楽の迫力感を高め，暗い印象を強調する効果があり，「黄，黄緑，緑，シアン」の照明は迫力感を低下させ，明るい印象を強調する効果がある。迫力があって暗い印象の音楽は，迫力を高め，暗い印象を強調する効果のある色彩と調和し，迫力感を低下させ，明るい印象を強調する効果のある色彩とは調和しない。

テンポが速くても，長調で「明るい」印象の音楽は「黄，黄緑，緑，シアン」と相性がよく，「青，青紫，紫，赤」とは合わない。「黄，黄緑，緑，シアン」は音楽の印象を明るくし，「青，青紫，紫，赤」は音楽の印象を暗くする効果がある。テンポが遅く「暗い」印象の音楽は，暗い印象を強調する「青，紫，青紫」と調和し，明るい印象を強調する「黄，黄緑，緑」とは調和しない。

一般に，音楽が本来持つ特徴（印象的な面での）を強調する機能を持つ色彩が，その音楽と調和する。このような音楽と色彩の調和感も，意味的調和の形成によるものと解釈できる。

5.9 意味的調和においても文脈効果がある

私たちの研究室では，意味的調和によってもたらされる音楽と映像の調和感に関する文脈効果を明らかにするために，意味的調和が形成されている視聴覚刺激と形成されていない視聴覚刺激を用いて調和感の評価実験を行った[19]。この実験では，「陽気な」あるいは「陰気な」印象の音楽と静止画像を用いて音楽と画像の印象が一致している，あるいは印象が正反対である2場面の視聴覚刺激を連続して提示し，音楽と画像の調和感の連続測定実験を行い，連続する2場面からなる視聴覚刺激を視聴する状況下において文脈効果が生じることを明らかにした。

2場面とも「陽気な」あるいは「陰気な」印象であり続けるように音楽，画像の印象とも一貫し，2場面とも音楽と画像の印象が類似している場合には，**図5.6**に示すように，同じ視聴覚刺激でも後半に提示した場合のほうが調和感は高くなる。音楽および画像の印象が持続することが，調和感を増大させる効果を生んでいるものと考えられる。2場面とも音楽，画像の印象が一貫し，音楽と画像の印象が類似している場合には，場面が変わっても音楽と画像の印象が変化しないため意味的調和の要因が持続され，調和感の上昇が続く効果が得やすくなっているものと考えられる。そのため，後半の視聴覚刺激が単独で提示された場合よりも調和感が上昇したと考えられる。

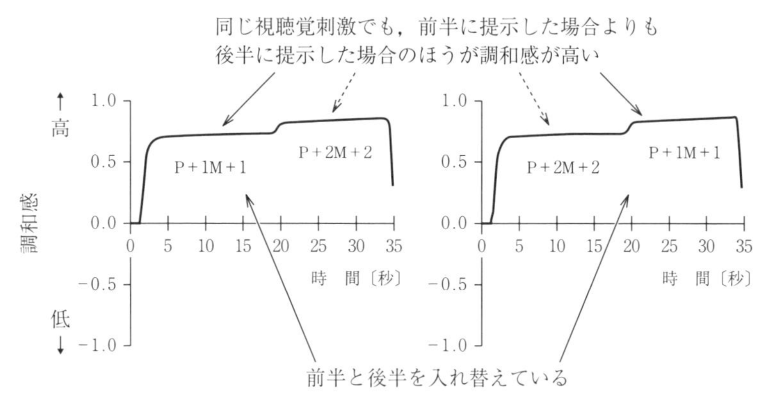

図5.6　意味的調和の文脈効果：陽気な画像と音楽の組み合わせ2場面（P+1M+1，P+2M+2）の画像と音楽の調和感の連続測定結果（左と右は前後を入れ替えた視聴覚刺激）

2場面とも音楽と画像の印象が類似している場合でも，前半と後半で音楽と画像の印象が逆転する場合には，後半に提示した場合のほうが調和感は低下し，調和感は抑制される。前半と後半で音楽と画像の印象が逆転する場合には，それぞれの印象が継続する場合と異なり，場面が変わる前の意味的調和の要因がいったん初期化されることになる。したがって，場面が変わったあとに，新たに音楽と画像の印象の類似性を感じるところから意味的調和の形成が開始されることになる。そのため，場面が変わっても調和感が上昇するような要因は持続されない。また，音楽と画像の印象が逆転するということは，認知的な負荷も印象が連続している場合に比べてより大きいと考えられる。認知的な負荷が大きくなることにより，前半と逆の印象を持つ後半の視聴覚刺激の意味的調和形成が抑制されたものと推測される。その結果，後半の視聴覚刺激の調和感が単独提示の場合よりも低くなったと解釈できる。

画像と音楽の印象が反対で意味的調和が成立しない視聴覚刺激の場合，前半に別の場面の視聴覚刺激を挿入すると，その不調和感を和らげることができる。前半と後半で音楽と画像の印象がともに一貫している場合には，不調和感の緩和効果がより顕著である。画像と音楽の印象が反対である組み合わせは，黒澤明監督が「音と画の対位法」として効果的に利用した特殊な場合を除き（その効果に関しては5.11節で述べる），映像作品ではあまり用いられない。そのため，強い不調和を感じるのが一般的であるが，先行刺激としてなんらかの視聴覚刺激が存在すると，視聴覚刺激への慣れによって不自然な組み合わせが受け入れられやすい状況が生じるものと考えられる。特に，前半と後半で音楽と画像の印象がともに一貫している場合（2場面とも陽気，2場面とも陰気）には，不調和な状況に慣らされるとともに，音楽と画像の印象が一貫することで不調和感の緩和効果がより顕著に働くのではないかと推測される。ただし，前半と後半で音楽と画像の印象が逆転する場合には，はやり不調和感はいったん初期化されることになり，慣れの効果も低下すると考えられる。そのため，不調和感を和らげる効果は明確ではなかった。

意味的調和が成立している場面と成立していない場面を組み合わせた場合には，調和感，不調和感を抑制するような効果が働く。調和感の低い視聴覚刺激のあとに提示された調和感の高い視聴覚刺激の調和感は低下し，調和感の高い視聴覚刺激のあとに提示された調和感の低い視聴覚刺激の不調和感は緩和される。調和感の低い視聴覚刺激が後半になる場合には，前述したように視聴覚刺激が前半に存在すること自体により，視聴覚刺激への慣れによって不自然な視聴覚刺激を受け入れやすい状況が生じたことにより不調和感が緩和されたものと考えられる。調和感の高い視聴覚刺激が後半になる場合，不調和な状況に対する慣れにより視聴覚刺激の意味的調和を形成する過程が抑制されたものと推測される。不調和感への慣れは，不調和感のみならず調和感の形成も抑制するようである。その結果，前半になった場合よりも調和感が低かったものと考えられる。

5.10　実際の作品における音と映像の調和感の形成過程

さらに，私たちの研究室では，実際の映像作品における意味的調和の実態を探るために，実際の映像作品（映像作品集「ファンタジア」から「威風堂々」と「禿山の一夜」）の一部を用いて音楽と映像の調和感の連続測定実験，および音楽と映像のそれぞれの印象の連続記述選択法を用いた印象評価実験を行った[20]。160 秒間の刺激の提示中に，連続測定実験では時々刻々の音と映像の調和感を連続的に評価し，連続記述選択実験では音楽および映像から感じた印象に相当する言葉をあらかじめ定めたリストの中からの選択を行った。

連続記述選択実験によると，「威風堂々」においては，音楽，映像とも最初は「のんびりした」印象であるが，その後両者とも「緊張感のある」「スピード感のある」印象になり，最後は「陽気な」印象で終わる。「禿山の一夜」では，提示時間中，音も映像も印象にあまり変化はなく，160 秒間を通して「緊張感のある」「陰気な」印象が続く。いずれも，160 秒間の刺激を通して意味的調和は形成されており，「威風堂々」と「禿山の一夜」いずれにおいても，音と映像の調和感は刺激全体にわたって高い水準であった。

図 5.7 に，「禿山の一夜」における調和感の連続測定結果を示す（左側の「オリジナル」条件）。刺激の時間経過に伴い調和感は細かい上昇，下降を伴うが，大ざっぱな傾向としては調和感がしだいに上昇する傾向が見られた。途中，意味的調和の要因が弱まることがあっても，顕著な調和感の低下は見られず，いったん形成された調和感は維持される傾向にあった。「威風堂々」においても，同様の傾向が見られた。

「禿山の一夜」においては，後半の調和感のかなり高い部分から提示する実験も行ったが，**図 5.8** に示すように，やはり刺激提示直後においては調和感が

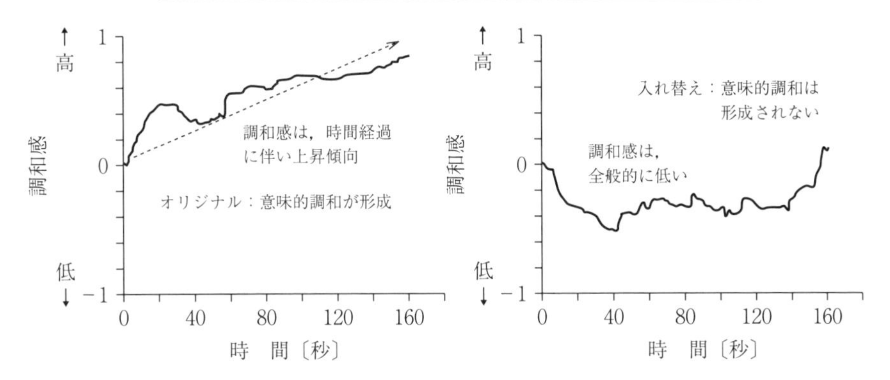

図 5.7 「禿山の一夜」における音と映像の調和感の連続測定結果：オリジナル（左）と音楽を「威風堂々」に変えた場合（右）

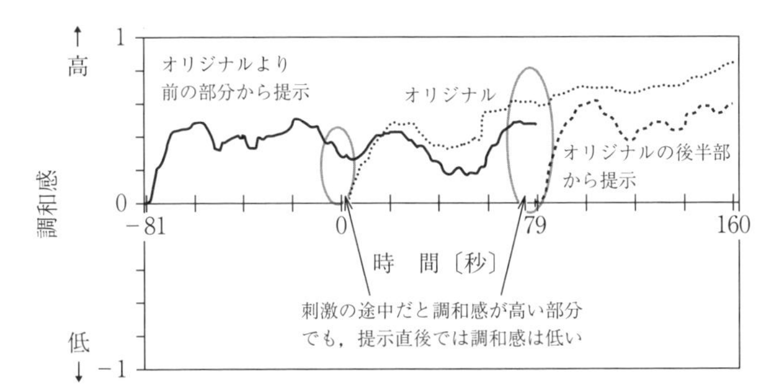

図 5.8 開始時点の異なる「禿山の一夜」における音と映像の調和感の連続測定結果：図 5.7 のオリジナルより前の時点より提示，オリジナル（図 5.7 と同様），オリジナルの後半より提示の各条件

低いレベルから始まる。また，「禿山の一夜」のもっと以前の時点から提示すると，図 5.7 の最初の調和感が低いレベルであった部分においても，高いレベルの調和感が得られることが確認された。実際の映像作品の中で意味的調和が形成されている状況下においては，ストーリーの展開に合わせてしだいに調和感が高まっていく。

これらオリジナルそのままの刺激に対して，二つの視聴覚刺激の音楽と映像を入れ替えた刺激の場合には（図 5.7 右側の音楽を「威風堂々」に入れ替えた「入れ替え」条件はその 1 例），音楽と映像の印象は一致しておらず，調和感は低い水準であった。これらのことから，映像作品の制作者は，類似した印象の音楽と映像を組み合わせ，意味的調和を意図していることがわかる。任意の音楽と映像を組み合わせても，調和感は形成されないことが確認された。

5.11 音と画の対位法 ―あえて調和を崩す黒澤明の手法の効果―

一般に，映像作品の音と映像の関係は調和するものがほとんどであるが，ずっと調和し続けていては単調で退屈な映像作品になってしまう。場合によっては，意図して音と映像が調和しない組み合わせを利用することもある。

日本を代表する映画監督であった黒澤明は，音と映像の関係に独特のこだわりを持っており，映像で展開されているシーンの印象とはまったく正反対の印象の音楽を用いることで，観客に非常に強烈な印象を与えることを狙ったと証言している。このような手法は「酔いどれ天使」(1948) などの黒澤作品のいくつかで試みられ，黒澤監督は「劇と音楽の対位法的な処理」と呼んでいた。後に映画評論家の西村雄一郎がこの手法のことを「音と画の対位法」と称し，その効果について自らの著書で「黒澤監督は，音と画の対位法によって，映像または音だけではできない，また，映像と音楽が調和しているだけでもできない，新たな心理空間を映像作品に創造した」と述べている[21)]。

私たちの研究室では，「音と画の対位法」が用いられた黒澤明監督の映画「野良犬」(1949) から400秒間を抜粋した視聴覚素材を用いて，「音と画の対位法」の効果を実証した[22)]。用いた場面は，映画のクライマックスにおいて，犯人を追う刑事が犯人に撃たれながらも犯人を捕らえる場面である。

実験に用いた場面の音と映像の調和感の連続測定結果を，**図5.9**に示す。グラフの最初の調和感の高い部分は，駅の待合室において刑事が犯人を発見する場面で，緊張感のある場面に緊張感のある音楽が組み合わされ，この場面では意味的調和が成立している。その後，調和感が低下する場面が2箇所ある。これらの箇所は刑事と犯人が対峙し犯人が刑事に発砲する緊張感のある場面で

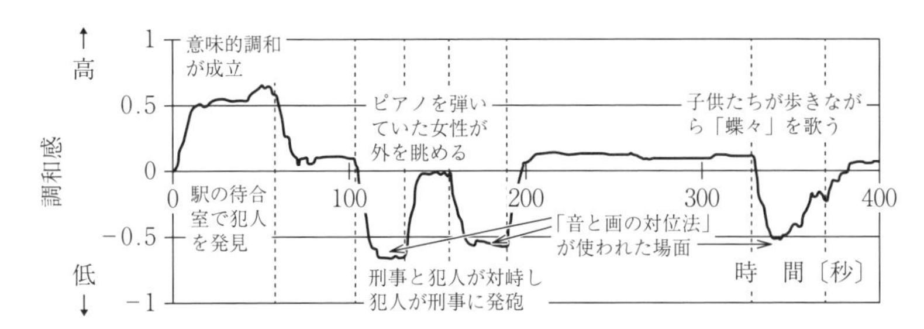

図 5.9 黒澤明監督の「野良犬」の「音と画の対位法」が使われた場面を含む部分の音と映像の調和感の連続測定結果

あるが，のんびりとした印象のピアノ曲（「ソナチネ」）が流れてくる。調和感が低下する2場面の間に音楽が流れない部分があるが，この部分には家の中でピアノを弾いていた女性が外を眺める場面が挿入されている。最後にもう一度調和感が低下する場面があるが，刑事が犯人を捕らえた場面に，子供たちが歩きながら歌う「蝶々」の合唱が流れてくる。この場面でも，陰気な印象の映像と陽気な印象の音楽が組み合わされ，意味的調和は成立していない。調和感が低い3箇所は，いずれも「音と画の対位法」が用いられていると解釈できる。

音と映像を調和させない「音と画の対位法」の効果を十分に出すためには，音楽の音源が映像の世界に実在することが必要とされる。黒澤監督は，ピアノを弾く女性や合唱する少年たちのように，音楽の音源を画面上に登場させて，映像と調和しない音楽が流れても合理的に理解できる状況を創り出した。

私たちの研究室では，さらに実験で用いた場面全体の印象評価実験を行い，「音と画の対位法」の手法により「ユニークな」「含蓄のある」「記憶に残る」場面が構築されることを示した。映画が創り出す物語の世界の中で流れる音楽に違和感を持ちつつも，音源が存在することで物語として整合が取れ，作品として総合的な評価も高い場面が実現できていた。「音と画の対位法」の使用は，映像作品に深みを与える効果を持つと考えられる。実際に，音楽の音源が画面上に存在しないように映像を編集して同様の印象評価実験を行ったところ，場面のユニークさは保たれるが，場面としての総合評価は低下することが明らかになった。

「音と画の対位法」のような手法は，その後多くの映画監督も用いるようになってきた。最近では，庵野秀明が監督した「ヱヴァンゲリヲン新劇場版：破」で，緊張感あふれる戦闘シーンにおだやかな印象の「今日の日はさようなら」や「翼をください」が使われ話題を呼んだ。これらの場面では，黒澤監督の作品とは異なり，音源は画面上に存在していない。私たちの研究室では，印象評価実験とアンケート調査で，ここでの対位法の効果を解明した[23)]。この2曲が使われた場面では，確かに音楽と映像の印象は対立していた。しかし，「今日の日はさようなら」の場面では，音楽の「別れ」のイメージと映像の「死別」のイメージのように共通するイメージが存在し，感覚的なレベルでは音と映像が調和していないが，より高次のイメージのレベルで意味的調和が成立していると考えられる。

5.12　ピッチと空間の上下関係の不思議で普遍的な結びつき

「上」と「下」，「高」と「低」という感覚表現は，「上の階へ移動する」や「高い山」のように，空間の位置を表す表現として用いられる。同じ上下，高低の感覚表現は，「高い音」「低い音」や「上のパート」「下のパート」のように，ピッチの違いとしても用いられる。この両者は，一方は視覚の空間的な感覚，もう一方は聴覚のピッチの感覚を表現し，なんの関連もない。それにも関わらず，「上」と「下」，「高」と「低」というピッチと垂直方向の感覚の一致は，日本語だけでなく，英語，ドイツ語，フランス語，スペイン語，イタリア語，中国語，ハングルなど，多くの言語で広く共通している。音符の「高さ」を表現した楽譜においても，ピッチの高い音は楽譜の上のほうに位置しており，両方の高さは対応している。ピッチと空間の上下方向の対応関係に関しては，高い位置から聞こえてくる音ほど高い周波数成分が優勢であり，その経験による連想によるとの説がある[24)]。また，人間が声を発声するとき，ピッチを高くしようとすると咽頭を高くし，ピッチを低くするときには咽頭を下げることが知られており[25]，ピッチと咽頭位置の上下感覚が一致していることが反映している可能性もある。

ピッチと空間の上下方向の対応関係は，それぞれのエネルギー・レベルとも一致している。3.9節で紹介したように，ピッチの上昇はエネルギー・レベルの上昇，ピッチの下降はエネルギー・レベルの下降をイメージさせるという研究結果が示されている。ピッチとエネルギー・レベルの対応は，自動車の加速時においてエンジンの回転速度の上昇がピッチの上昇感を伴うように，日常生活でもしばしば経験する。一方，電圧や音量などのエネルギーの高低を表すインジケータの場合，電圧や音量が増すとLEDなどで表示された棒が伸びる。縦方向の表示を用いた場合，通常，下側が固定され上側に棒が伸びる。エネルギーの上昇は上方向の動きと，エネルギーの下降は下方向の動きと関連づけられる。(旧式の) 垂直方向に動く針状のインジケータの場合でも，同様の対応関係が用いられている。エネルギーが上昇した場合，針は上側へ振れる。エネルギーが低下すると，針は下へ戻る。こういったエネルギー・レベルとの連想が働いた結果，エネルギーの上昇を連想させる上方向の動きとピッチの上昇，エネルギーの低下を連想させる下方向の動きとピッチの下降の組み合わせが対応するものと考えられる。

その結果，物体が上昇する映像とピッチがしだいに上昇していくメロディの組み合わせのように，同じ言葉で表される視覚と聴覚の情報を組み合わせると自然な調和感が感じられる。物体が下降する映像には，ピッチが下降していくメロディ・ラインがマッチする。視覚と聴覚で上下の変化方向が逆になると，違和感が生じる。

このような視覚と聴覚の結びつきは，「SMARC（spatial-musical association of response codes：反応規則の空間と音楽の連合）効果」と呼ばれている現象でも示されている[26]。SMARC効果により，ピッチの変化に対する反応を求めた場合，ピッチの高低と対応する空間上で反応させたほうが，反応が自然で反応時間も短くなる。この研究では，ピッチ判断を行う実験に，高いほうの音に上側，低いほうの音に下側のキーを割り当てた場合のほうが，上下逆転させたキーで回答させた場合よりも，反応時間が短くなることを示している。SMARC 効果で生じる反応時間の短縮は，ピッチと空間の感覚間の結びつきが強いことを示すものである。

5.13 音と映像の変化パターンの調和 ― ピッチの上昇・下降と合う動き ―

私たちの研究室では，ピッチの変化パターンと映像の運動パターンの間にどのような調和感が成立するのかを明らかにするために，視聴覚刺激の調和感の印象評価実験を行った[27]。この実験では，対称的な方向に変化する映像の変化パターンとピッチの上昇パターン，下降パターンを組み合わせ，映像の変化パターンとピッチの変化パターンが調和する要因について検討した。

映像素材としては，**図 5.10** に示すように，上方向あるいは下方向に映像がシフトして転換する切り替えパターン，右方向あるいは左方向に映像がシフトして転換する切り替えパターン，および画面の中央から円形の映像が拡大あるいは外周から円形に縮小して映像が転換する切り替えパターンを用いた。切り替えパターンとは，ある映像が別の映像に切り替えられるときに用いられる映像の変化パターンである（5.3 節参照）。この実験では，各切り替えパターンによって，画面全体が 1 秒かけて緑色から青色に切り替わる。

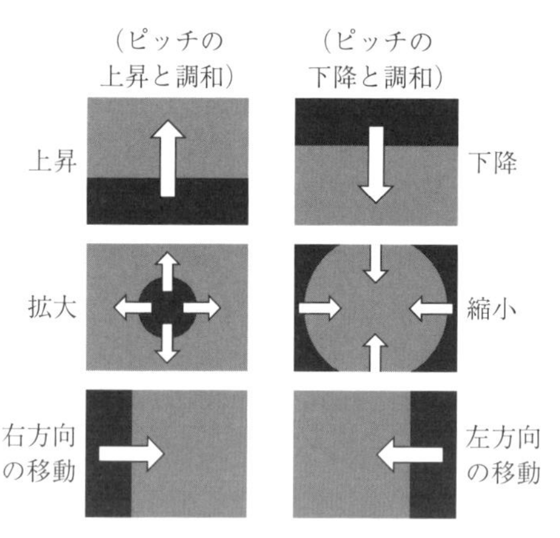

図 5.10　音と映像の調和感の評価実験に用いた各種の映像の切り替えパターン

上記の映像素材の映像の変化と同期してピッチが連続的に上昇，下降する音素材（上昇音，下降音）をそれぞれ組み合わせ，視聴覚刺激を作成した。調和感に関する印象評価実験は，上下方向，左右方向，拡大縮小の三つの映像条件ごとに行った。**図 5.11** に，実験結果を示す。

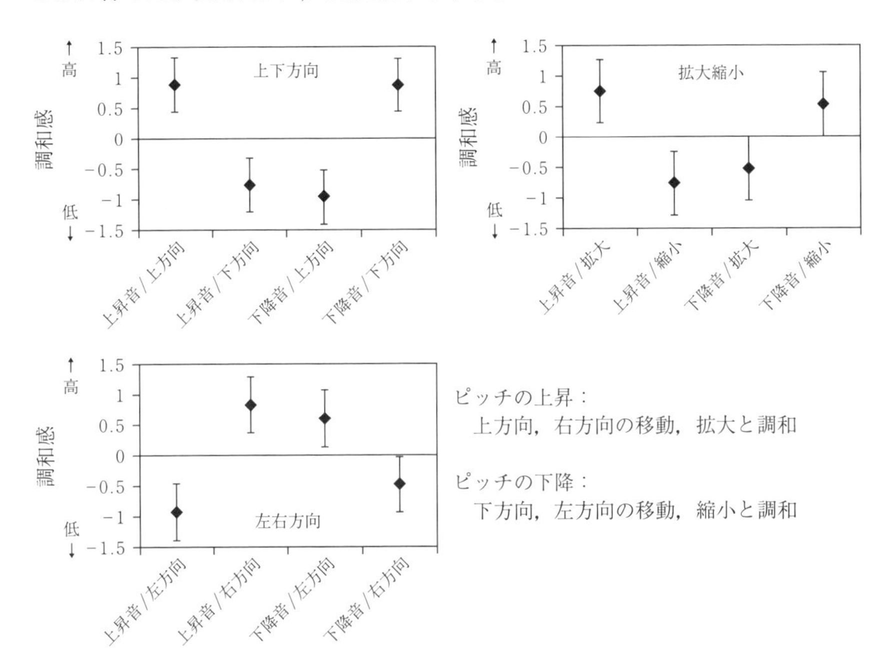

図 5.11 ピッチの変化パターンと映像の切り替えパターンの調和感の評価値（上下方向，左右方向，拡大縮小の映像の切り替えとピッチの上昇，下降の調和）

上下方向の映像の切り替えパターンにおいては，上方向への切り替えパターンにはピッチの上昇，下方向への切り替えパターンにはピッチの下降が調和する傾向が示された。上方向への切り替えパターンにピッチの下降，下方向への切り替えパターンにはピッチの上昇を組み合わせた場合には，調和感が低下する。この実験結果により，空間の上下（高低）の感覚とピッチの上下（高低）の感覚が対応し（5.12 節参照），両者の方向が一致した組み合わせを視聴するときに，高い調和感が得られることが実証された。

さらに，「ふすま」のように左右方向に切り替わる映像の切り替えパターンにおいては，右方向にスライドする切り替えパターンにはピッチの上昇が，左方向にスライドする切り替えパターンにはピッチの下降が調和する傾向が示された。右方向にスライドする切り替えパターンにピッチの下降，左方向にスライドする切り替えパターンにピッチの上昇を組み合わせた場合には，調和感は低下する。

左右の動きとピッチの上昇・下降の間に直接的な関係があるわけではないが，上下方向と同様に，エネルギー・レベルの対応関係から左右方向とピッチの上昇・下降を関連づけることができる。5.12 節でも述べたように，ピッチの上昇はエネルギー・レベルの上昇，ピッチの下降はエネルギー・レベルの下降をイメージさせる。エネルギーの高低を表すインジケータにおいて横向きの表示を用いた場合，通常，左側が固定され右側に棒が伸びる。エネルギーの上昇は右方向の動きと，エネルギーの下降は左方向の動きと関連づけられる。（旧式の）針状のインジケータにおいても，動きが水平方向の場合，エネルギーが上昇した場合，針は右側へ振れる。エネルギーが低下すると，針は左へ戻る。こういったエネルギー・レベルとの連想が働いた結果，エネルギーの上昇を連想させる右方向の動きとピッチの上昇，エネルギーの低下を連想させる左方向の動きとピッチの下降の組み合わせが調和するものと考えられる。

左右の方向とピッチの上昇・下降の調和の関係は，ピアノなどの鍵盤楽器におけるキー（鍵）の配置とピッチの関係とも対応する。鍵盤楽器では，左側に低音，右側に高音のキーを配置している。したがって，右方向のキーの移動がピッチの上昇を生じさせ，左方向のキーの移動がピッチの下降を生じさせる。これらのキーの移動方向とピッチの変化方向の組み合わせは，いずれも調和感の高い組み合わせになっており，人間にとって使いやすい構造になっている。もし，キーの配置とピッチの対応関係を逆にして，左を高音，右を低音に対応させたとしたら，弾きにくい楽器になると考えられる。5.12 節で紹介した SMARC 効果に関する実験においても，ピッチと空間の上下方向の対応関係に加えて，高いほうの音に右側，低いほうの音に左側のキーを割り当てた場合のほうが，逆転させたキーで回答させた場合よりも反応時間が短いことが示されている[28)]。この結果は，ピッチの上下方向と空間の水平（左右）方向の間においても受け入れやすい対応関係があることを物語っている。

拡大と縮小による映像の切り替えパターンにおいては，映像の拡大に対してはピッチの上昇，映像の縮小に対してはピッチの下降が調和する傾向が示された。映像の拡大に対してピッチの下降，映像の縮小に対してピッチの上昇を組み合わせると，調和感は下降する。

この傾向も，エネルギー・レベルとの対応関係に基づくものと考えられる。一般に拡大はエネルギーの上昇，縮小はエネルギーの低下と対応することが多いため（先に述べたLEDインジケータも幅を持ったものなので，正確にはエネルギー・レベルと面積の大小が対応することになる），拡大はエネルギーの上昇を連想させるピッチの上昇，縮小はエネルギーの低下を連想させるピッチの下降と調和すると考えられる。

また，このような調和感が得られるのは，「ドップラー・イリュージョン」[29]への連想に基づくものとも考えられる。ドップラー・イリュージョンは「ドップラー効果」をもとにした用語である。ドップラー効果とは，音を発生する物体が近づいてくる場合にピッチが実際よりも高くなり，遠ざかるときに低くなる現象をいう。ただし，ドップラー効果においては，近づいてくる物体の正面においてピッチは一定である。ところが，物体が近づいてくるとき，人間はピッチが上昇し続けるような錯覚（イリュージョン）を覚える。このような現象が，ドップラー・イリュージョンと呼ばれる現象である。

形状が拡大する映像は，なんらかの物体が正面から近づいてくるように思われる。拡大する映像と上昇するピッチパターンの組み合わせは，発音源が近接するときのドップラー・イリュージョン体験と同様の知覚内容になる。そのため，物体の近接感とピッチの上昇感が（錯覚された）日常経験を連想させ，自然な調和感をもたらすと考えられる。縮小する映像と下降するピッチパターンの組み合わせも，拡大する映像と上昇するピッチパターンの組み合わせと対比したものとして，自然な調和感をもたらすと考えられる。

5.14 複合的な映像の変化と調和するピッチパターン ― 上下方向の優位性 ―

私たちの研究室では，さらに上下方向の運動，左右方向の運動，拡大縮小が組み合わさった映像パターンと調和するピッチパターンを検討した[30),31)]。例えば，回転運動や斜め方向の運動は，上下方向と左右方向の運動の組み合わせとなり，ピッチの変化と組み合わせる場合，上下方向の運動と調和するピッチ変化を組み合わせた場合と左右方向の運動と調和するピッチ変化と組み合わせた場合と，どちらが高い調和感を生み出すかということを印象評価実験で検討した。その結果，回転運動であっても，斜め方向の運動であっても，上下方向の移動に調和するピッチ変化を組み合わせると調和する傾向が得られた。

左右方向の運動と拡大縮小と組み合わせた場合においても，拡大縮小と調和するピッチ変化が調和感を決定する。左右方向の運動とピッチパターンの結びつきは単独では有効であるが，複合的な動きになった場合にはほかの運動パターンとピッチの結びつきのほうが優位に働く。

上下方向の運動，拡大縮小が組み合わさった場合，両者に調和するピッチの効果がともに認められた。上昇と拡大が組み合わさった映像パターンには，上昇，拡大のいずれとも調和するピッチの上昇が調和する。上昇と縮小が組み合わさった映像パターンの場合にもピッチの上昇との調和感は得られるが，ピッチの上昇が縮小パターンの映像とは調和しないため，調和感は上昇運動と拡大が組み合わさった映像パターンの場合よりは低い。下降運動と縮小の組み合わせの映像とピッチ上昇の組み合わせでは，調和感が最低レベルとなる。ピッチの下降においても，下降運動，縮小と調和し，上昇運動，拡大とは調和しない特徴が，ピッチの上昇の場合と同様の作用をする。ただし，拡大縮小とピッチパターンの組み合わせの効果は，上下方向とピッチパターンの組み合わせの効果ほどは明瞭ではなかった。

より複合的な場合を想定して，ピッチの上昇・下降と映像の上下方向，左右方向の運動，拡大縮小の３条件の変化を複合した視聴覚刺激の調和感についても，印象評価実験によって検討した[32]。この場合においても，ピッチの上昇と上方向の運動，ピッチの下降と下方向の運動が調和する傾向，およびピッチの上昇と映像の拡大，ピッチの下降と映像の縮小が調和する傾向が示されたが，ピッチ変化と左右方向の移動がもたらす調和の効果は認められなかった。

映像の動きが複雑な場合，もしそこに上下運動が含まれていたとしたら，運動の上下方向に合わせてピッチを上下させれば，間違いのない（ある程度は調和感のある）組み合わせとなる。

5.15　音と映像の変化パターンと音と映像の空間性の調和

音と映像の変化パターンの調和について研究を行ってきたが，これらの研究では，音の提示方向の影響を考慮していない。実際の映像作品においては，ステレオあるいは5.1チャンネル・サラウンドでの音の提供が通常で，さらに多くのチャンネルを利用した映像メディアも存在する。したがって，音の変化パターンと映像の変化パターンの調和に関しての知見を実際の映像メディアに活かせるものにするためには，音の提示方向との関わりについても検討しておく必要がある。私たちの研究室では，「音と映像の提示方向」と「ピッチの変化と映像の変化の調和感」の関わりについて検討を行った[33]。ヘッドホンを使って左耳，右耳それぞれにピッチが連続的に変化する音を提示し，円形の映像の運動パターンとの調和感の印象評価実験を行った。

映像刺激としては，**図5.12**に示すように，青色に塗りつぶした画面上の左右に配置された二つの緑色の円が同時に反対方向（上と下，左と右，拡大と縮小）に運動するものを用いた。実験では，「上下」「左右」「拡大縮小」の運動条件ごとに，映像の運動方向を入れ替えた２種類ずつの映像刺激を画面の左右の領域に提示した。音刺激としてはピッチの上昇音と下降音を各耳にそれぞれ同時に提示し，左右に配置した映像の上下，左右，拡大縮小運動との組み合わ

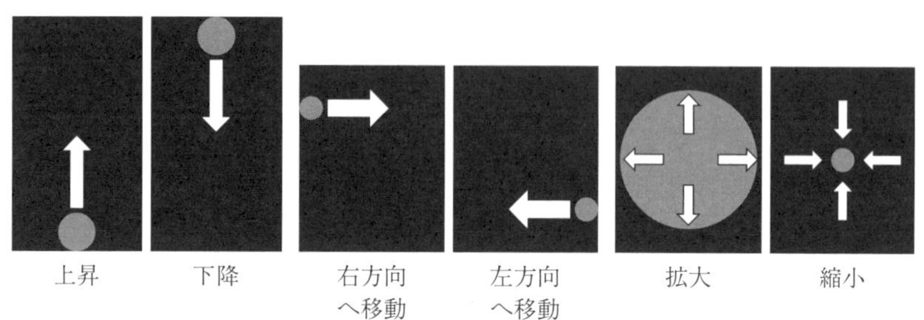

図 5.12　「音と映像の提示方向」と「ピッチの変化と映像の変化の調和感」の関わりに関する評価実験で左右に配した映像の変化パターン

せに対する調和感を評価実験により求めた。

実験の結果，「左耳にピッチ上昇音，右耳にピッチ下降音の条件」と「画面左側に上昇運動，画面右側に下降運動の条件」「画面左側に右方向に移動，画面右側に左方向に移動の条件」「画面左側に拡大する映像，画面右側に縮小する映像の条件」を組み合わせた場合に調和感が上昇する傾向が得られた。これと対照的に，「左耳にピッチ下降音，右耳にピッチ上昇音の条件」と「画面左側に下降運動，画面右側に上昇運動の条件」「画面左側に左方向に移動，画面右側に右方向に移動の条件」「画面左側に縮小する映像，画面右側に拡大する映像の条件」を組み合わせた場合に調和感が上昇する傾向も示された。これらと逆の音条件と映像条件の組み合わせの場合には，調和感は低下する。

以上の結果は，ピッチの上昇音・下降音を左右の各チャンネルから同時に提示した場合において，左右の位置それぞれに同じ側のピッチ変化に調和する変化パターンの映像を提示したときに視聴覚刺激全体の調和感が高まることを示すものである。この実験で得られた傾向は，ピッチの上昇には，映像の上方向，右方向の移動，拡大が調和し，ピッチの下降には，映像の下方向，左方向の移動，縮小が調和することを確認する結果となっている。

5.16 台詞終わりの音楽を活かす「間」

映像作品において音楽はいろいろな場面で使用されているが，2012年7月に放送されていたテレビドラマを対象とした調査によると，番組の中で音楽が使われている時間割合は平均で63.3%であった[34]。調査対象とした12番組中，10番組の「音楽が使用されている時間割合」が番組時間中の50～70%であり，90%を占める番組もあった。いずれの番組においても，半分以上の時間に音楽が付加されているのである。さらに，この調査で見つけた音楽が付加された304箇所のうち172箇所が，表情が映し出された俳優の台詞終わりに音楽を付加したものであった。そのうち台詞がストーリーの展開要素となっている（役者が「決め台詞」を発している）箇所は，130箇所（全音楽付加箇所中43%）に及ぶ。このような箇所では，感情を込めた台詞のあとに音楽を流すことにより，俳優が台詞に込めた感情をより際立たせようとの意図があるものと考えられる。

このような用途で音楽を用いる場合，台詞とその後に付加する音楽のあいだに「間」が意図的に設けられ，その「間」が重要な役割を担うと考えられる。この調査によると，間がほとんどないような場合もあったが，台詞から音楽までの間は0.5から1.5秒程度であることが一般的であった。このうち，間が0.5秒前後の場合は「怒り」の感情で述べられた台詞，間が1.0秒前後の場合は「愛」の感情で述べられた台詞，間が1.5秒前後の場合は「悲しみ」の感情で述べられた台詞が先行していることが多かった。

実際の制作現場においては，俳優の台詞終わりに付加する音楽の付加位置の決定は，制作者の感性やセンスに委ねられている。もちろん，現場の制作者は豊富な経験を有し，音と映像の組み合わせ方に関して鋭い感性を体得しており，優れた作品を創り出していることに疑いはないが，その制作技術に科学的な裏づけがあってのものではない。

私たちの研究室では，感情を込めた台詞のあとに音楽を付加する際に，どの程度の間をあけるのが映像表現として最適なのか，そしてこの間が本当に台詞に込めた感情を視聴者に伝えるのに有効なのかを，評価実験により検討した[35]。この実験で想定した場面は，台詞が物語の展開要素となっているような（役者が「決め台詞」を発した）状況である。実験の結果，**図 5.13** に示すように，台詞と音楽のあいだの最適な間は台詞に込められた感情により異なり，「怒り」の感情を込めた台詞の後では 0.5 秒，「愛」の感情を込めた台詞の後では 1 秒，「悲しみ」の感情を込めた台詞の後では 1.5 秒程度「間」を置いてから音楽を付加することが，台詞の効果を出すのに最適であることがわかった。各感情に応じた最適な間は，実際のドラマを分析して得られた各感情に対応して設定された間とほぼ一致している。音楽の付加時点設定に関する制作現場の判断は，間違いなかったのである。また，音楽の付加時点が最適であると，いずれの感情を込めた台詞の場合でも台詞のインパクトが最大となり，台詞に込めた感情を最も高めることが示された。台詞と音楽とのあいだには，感性情報を効果的に伝達するために，台詞の感情に応じた長さの「間」が必要なのである。

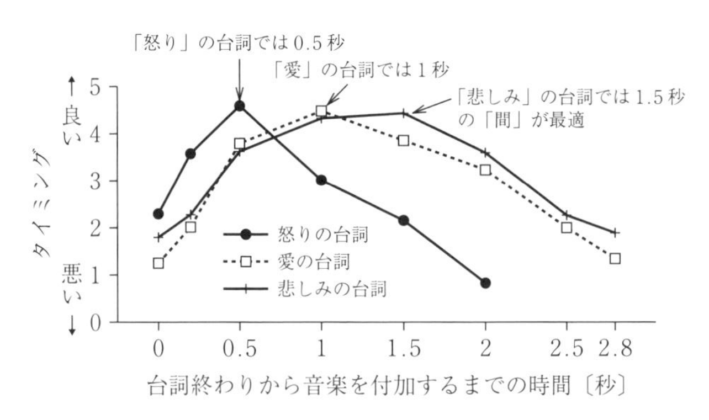

図 5.13　怒り，愛，悲しみが表現された台詞終わりのさまざまな時点で付加した音楽のタイミングの良さの評価値

音楽の最適な付加時点は，音楽がその場面にふさわしいものであっても，ふさわしくないものであっても，変化はしない[36]。また，台詞のあとの場面として，台詞を発した俳優の映像が継続した場合においても，台詞を受けた側の俳優の表情に切り替えた場合においても，音楽の最適付加時点は大きく変わるこ

とはなかった[37]。音楽が持つ台詞に込めた感情を強調する効果も，音楽の付加時点が最適であれば，場面と音楽のマッチングや映像の切り替えによる影響は受けなかった。台詞に音楽を付加するまでの「間」の最適な長さは，台詞に込められた感情によって決まり，音楽の種類や映像表現による影響は小さいと考えられる。

5.17　笑いを醸成する「間」
― シンボリックな音楽を効果的に用いるために ―

バラエティ番組などの笑いを演出するために，シンボリックな意味を持つ音楽がオチのように利用されていることは5.4節で述べたが，台詞終わりに付加する音楽（5.16節参照）と同様に，シンボリックな音楽の効果は付加時点に左右される。私たちの研究室では，笑いを意図した映像におけるシンボリックな音楽の最適付加時点について，印象評価実験によって検討した[38]。

映像刺激には，喜劇的な場面と悲劇的な場面を用いた。喜劇的な場面（V1）は，「ボウリング場でボールを投げると，レーンにサッカーのゴールキーパーが現れ，次々とボールをブロックしてしまう」場面で，笑いが起こる起点はゴールキーパーが現れる時点である。悲劇的な場面（V2）は「男の子が誕生日ケーキのろうそくの火を吹き消そうとしたときに，兄に吹き消されてあぜんとし，がっかりした表情で終わる」場面で，笑いが起こる起点は火を消される瞬間である。それぞれの場面のシンボリックな音楽刺激としては，喜劇的な場面にはサッカーを連想させる「FIFA Anthem（M1）」と「Waka Waka（M2）」，悲劇的な場面には悲壮感の漂う「トッカータとフーガ　ニ短調（M3）」と「チゴイネルワイゼン（M4）」を用いた。

印象評価実験の結果，**図5.14**に示すように，シンボリックな音楽の最適な挿入タイミングは，喜劇的な映像場面の場合は笑いの起点の直後～0.5秒後に，悲劇的な映像場面の場合は笑いの起点から0.5～1秒後の間に存在することが明らかになった。これらの時点において，場面の面白さはピークに達す

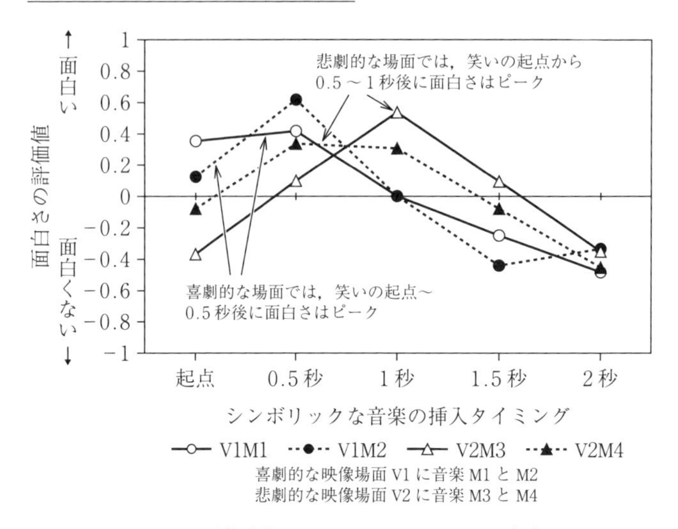

図 5.14　面白映像におけるシンボリックな音楽の挿入タイミングと面白さの評価値の関係

る。これらの条件よりも遅く音楽を提示すると，音楽までの間が開きすぎで面白さは低下する。音楽の挿入タイミングが最適な条件では，映像作品のインパクトや調和感が最高となり，最もよく笑える状態になり，作品としても最高の評価が得られていた。

笑いの場面に付加するシンボリックな音楽には「オチ」の効果があり，その音楽の持つシンボリックな意味と連想によって笑いを強調する。その効果を最大にするためには，笑いを熟成する「間」が必要とされる。特に，悲劇的場面を笑いに転嫁するためには，少し長めの「間」が不可欠である。

5.18　映像作品における環境音が場面の状況，登場人物の心情を語る

映像作品には，登場人物が発する音や周囲の自然音，街の雑踏などの環境音も含まれている。これらの音は，現実の世界でも存在する音であり，映像の世界でも存在するのが当然である。しかし，映像の世界の環境音は現実の世界の

環境音とは異なり，ストーリー展開の上で重要な意味を担う環境音もあり，現実の世界に存在しない効果音や音楽と同様，演出意図に基づいて作られた環境音であることも多い。

私たちの研究室では，映像作品に使われている環境音の役割を明らかにするために，テレビドラマの一部を使って，そこで用いられている環境音がある場合とない場合を比較してもらった上で，用いられている音の影響に関するアンケートを行った[39)]。ここで対象とした音は，鳥の鳴き声や羽ばく音，USB メモリをつぶす音，自動車のクラクションなどのように現実の世界に存在する環境音のほか，鼻の穴がふくらむ音のようなイメージ上での音を含む。

いくつかの作品で音があるほうがよいと評価されていた。そして，音があるほうがよいと思われる理由として，「映像の雰囲気や話の流れに音が合っている」「映像の内容や動作などと音が一致している」「音によって登場人物の心情が強調され，その心情がより伝わるようになる」「音がストーリーの状況を強調している」「音があるほうがわかりやすい」といった内容が指摘された。

さらに，映像作品に用いられる環境音には，環境の情報提供をする，場面を強調したりするとともに，場面の状況，登場人物の心情などをイメージさせる，今後の場面の展開を予感させるなどの機能を有することが明らかにされた。環境音が持つ機能を有効に活かすためには，映像の雰囲気や話の流れに合った音を使うことが必要とされる。

テレビドラマなどで，環境音がそこで展開されるシーンにふさわしいかどうかは，必ずしも「現実世界での音と一致している」ということではなかった。実際よりも誇張した音をつけたほうが「合っている」と判断されることも多い。ただし，誇張しすぎると不自然さが前面に出てしまう危険性も指摘されていた。環境音を誇張することの有効性は，シーンの状況にも依存する。

むすび ― 映像作品における音のチカラを示してきた ―

私たちの研究室では，映像作品における音楽や効果音がもたらす影響を研究対象として，多くの取り組みを行ってきた。この分野の研究を開始した当初は，ほかに同様の研究を行っていた研究者はおらず，私たちがこの分野の研究をリードしてきた。

私たちの研究室で映像作品における音を研究対象とし始めたのは，LD（レーザー・ディスク）や家庭用ビデオテープ録画再生器が市販され始めた時期だった。こういったAV機器が研究室レベルで使用可能となったことによって，映像作品における音の役割を主観評価実験により明らかにすることができたのである。さらに，コンピュータの能力向上により，音や映像を処理することが可能となり，視聴覚刺激の作成や提示をコンピュータで行えるようになった。音楽制作ソフト，アニメーションソフト，映像編集ソフトなども充実し，映像コンテンツと音楽の特性をさまざまに組み合わせた条件下での研究も可能となった。そのような状況下で，私たちの研究室では，音と映像に関わる多彩な取り組みで成果をあげることができたのである。

学会発表の場において各種のAV機器やコンピュータおよびプロジェクタが使えるようになったことも，私たちにとって「おいしい」状況を作り出してくれた。このような機器類の充実は，実験で用いた視聴覚刺激のデモンストレーションを容易にし，研究成果のアピールに非常に効果的であった。その結果として，多くの皆さんに映像作品における音の研究に興味も持っていただいた。

私たちの研究室で明らかにした知見を総括して出版した「音楽と映像のマルチモーダル・コミュニケーション」（岩宮眞一郎著，九州大学出版会，2000）は，科学的な立場で「映像作品の音」をテーマにした最初の本である（少なくとも日本で，ひょっとしたら世界でも）。この本は高い評価をいただき，「音楽と映像のマルチモーダル・コミュニケーション　改訂版」（岩宮眞一郎著，九州大学出版会，2011）も出版することができた。その後，私は「The Psychology of Music in Multimedia」（Oxford University Press, 2013）の1章（Chapter 7　Shin-ichiro Iwamiya：Perceived congruence between auditory and visual elements in multimedia）の担当や，音響サイエンスシリーズの1冊としての「視聴覚融合の科学」（岩宮眞一郎編著，コロナ社，2014）の編著も行った。

日本音楽知覚認知学会が創立30周年を記念して「音楽知覚認知ハンドブック」の出版を計画しているが，その1章として「音楽と映像メディア」を含んでいる。このような章が設けられたのは，映像作品における音に関する研究が，一つの分野として認められたことを示している。私たちの研究活動の成果が評価された証でもある。

参　考　文　献

1）岩宮眞一郎：音が映像作品の「でき」を決める，日本音響学会誌，**64**，12，709-714（2008）
2）岩宮眞一郎，佐野　真：コンピュータを利用した音楽と映像の相互作用の実験—各音楽要素が映像作品の印象に与える影響—，音楽知覚認知研究，**3**，14-24（1997）
3）吉川景子，岩宮眞一郎，山内勝也：スタッカート，レガート表現が映像作品の印象に与える影響，日本音楽知覚認知学会平成16年度春季研究発表会資料，59-64（2004）
4）Ki-Hong Kim and Shin-ichiro Iwamiya：Formal congruency between telop patterns and sound effects, Music Perception, **25**, 5, 429-448（2008）
5）岩宮眞一郎，関　学，吉川景子，高田正幸：映像の切り替えパターンと効果音の調和，人間工学，**39**，6，292-299（2003）
6）金　基弘，森　文哉，岩宮眞一郎：テレビ番組における笑いを演出する効果音および音楽の効果，メディアと情報資源，**21**，2，15-28（2014）
7）Ki-Hong Kim, Shin-ichiro Iwamiya, and Fumiya Mori：Effectiveness of sound effects and music to induce laugh in comical entertainment television show, Proc. of ICMPC 13-APSCOM 5（2014）
8）Valerie J. Bolivar, Annabel J. Cohen, and John C. Fentress：Semantic and formal congruency in music and motion pictures: Effects on the interpretation of visual action, Psychomusicology, **13**, 1/2, 28-59（1994）
9）岩宮眞一郎：オーディオ・ヴィジュアル・メディアを通しての情報伝達における視覚と聴覚の相互作用に及ぼす音と映像の調和の影響，日本音響学会誌，**48**，9，649-657（1992）
10）劉　沙紀，瀧下郁之，岩宮眞一郎：音と映像の時間的規則性が調和感の形成に及ぼす影響，音楽音響研究会資料，MA2015-12（2015）
11）高　菁晶，劉　沙紀，岩宮眞一郎：音と映像のアクセントの同期性，周期性が

音と映像の調和に及ぼす影響，聴覚研究会資料，H-2016-24（2016）
12）石田佳栄，劉　沙紀，岩宮眞一郎：音と映像の時間的アクセントの周期と同期性が音と映像の調和感に及ぼす影響，音楽音響研究会資料，MA2016-53（2017）
13）Kae Ishida, Saki Liu, and Shin-ichiro Iwamiya：Effects of synchronization and periodicity of auditory and visual accents on perceived congruence between sound and moving picture, Proc. of APSCOM 6, 70-74（2017）
14）藤山沙紀，瀧下郁之，矢萩　徹，岩宮眞一郎：音と映像のアクセントの同期による調和と印象の一致による調和の形成過程の比較，音楽知覚認知研究，**20**, 1，3-14（2014）
15）金　基弘，岩宮眞一郎，藤丸沙由美：テロップの書体と効果音の印象の類似の効果，音楽知覚認知研究，**11**，2，73-90（2005）
16）金　基弘，岩崎敬吾，岩宮眞一郎：テロップ・プレゼンテーションにおけることばと効果音の印象の意味的調和の効果，日本音響学会誌，**63**，3，121-129（2007）
17）岩宮眞一郎，上月　裕，萱野禎盛，高田正幸：音楽の調性及びテンポと映像の速度及び密度が映像作品の印象に及ぼす影響，音楽知覚認知研究，**8**，2，53-64（2002）
18）岩宮眞一郎，林　克明：色彩が音楽の印象に与える影響，芸術工学研究，1，63-68（1999）
19）劉　沙紀，孫陶洋子，蔡　祺，岩宮眞一郎：音楽と画像の調和感における文脈効果，音楽知覚認知研究，**21**，2，87-100（2015）
20）劉　沙紀，矢萩　徹，大西英治，岩宮眞一郎：映像作品における音楽と映像の調和感と印象の連続測定，音楽知覚認知研究，**21**，2，73-86（2015）
21）西村雄一郎：黒澤明　音と映像，立風書房（1998）
22）藤山沙紀，江間琴音，岩宮眞一郎：黒澤明の映像作品における音楽と映像を対比させた手法の効果，日本音響学会誌，**68**，8，387-396（2013）
23）篠木典彦，岩宮眞一郎：アニメ映画「ヱヴァンゲリヲン新劇場版：破」の音楽の用いられ方について，音楽音響研究会資料，MA2015-10（2015）
24）Cesare V. Parise, Kathanna Knorre, and Marc O. Ernst：Natural auditory scene statistics shapes human spatial hearing, Proc. of NAS USA, 10.1073/pnas.1322705111（2014）
25）平井啓之，本多清志，藤本一郎，島田育廣：F_0 調節の生理機構に関する磁気共鳴画像（MRI）の分析，日本音響学会誌，**50**，4，296-304（1994）
26）Elena Rusconi, Bonnie Kwan, Bruno L. Giordano, Carlo Umiltà, and Brian Butterworth：Spatial representation of pitch height: The SMARC effect, Cognition, **99**, 2, 113-129（2006）
27）蘇　勲，金　基弘，岩宮眞一郎：映像の切り替えパターンと音高の変化パターンの調和，日本音響学会誌，**65**，11，555-562（2009）

28) 生駒　忍，橋本　望，大久保勇也：水平次元における音高の自発的定位，日本音楽知覚認知学会平成 20 年度春季研究発表会資料，39-42（2008）
29) John G. Neuhoff and Michael K. McBeath：The Doppler illusion: The influence of dynamic intensity change on perceived pitch, Journal of Experimental Psychology: Human perception and performance, **22**, 4, 970-985（1996）
30) 蘇　勲，金　基弘，岩宮眞一郎：複合的な映像の変化パターンと単純な音高の変化パターンの調和，日本音響学会誌，**66**，10，497-505（2010）
31) 金　基弘，岩宮眞一郎，北野博之：映像の回転運動と音高変化の周期の同期に基づく調和感，人間工学，**45**，6，336-343（2009）
32) 岩宮眞一郎，蘇　勛，小山泰宏，金　基弘：複合的な映像の変化パターンと音高の変化パターンの調和—日本人・韓国人・中国人の被験者群を用いた評価実験—，日本生理人類学会誌，**15**，12，105-113（2010）
33) 金　基弘，郭　暁，藤山沙紀，岩宮眞一郎：音高の変化と映像の変化の調和感と音と映像の呈示方向の影響，日本音響学会誌，**69**，10，534-537（2014）
34) 稲田　環，岩宮眞一郎：台詞終りに付加する音楽の最適付加時点—連続テレビドラマの実態と評定実験の比較—，日本音響学会 2017 年春季研究発表会講演論文集，1209-1212（2017）
35) 稲田　環，藤山沙紀，岩宮眞一郎：映像作品における台詞終わりに付加する音楽の最適付加時点，日本音響学会誌，**73**，2，81-92（2017）
36) 稲田　環，藤山沙紀，岩宮眞一郎：映像作品における台詞終わりに付加する音楽の最適付加時点，音楽音響研究会資料，MA2015-11（2015）
37) 稲田　環，林　祥子，岩宮眞一郎：映像作品における台詞終わりに付加する音楽の最適付加時点—リアクション表情の影響—，日本音楽知覚認知学会平成 28 年度春季研究発表会資料，91-96（2016）
38) 金　基弘，久保美紀子，岩宮眞一郎：笑いを演出する映像に付加するシンボリックな音楽の最適な挿入タイミング，音楽音響研究会資料，MA2015-13（2015）
39) 見上純一，稲田　環，岩宮眞一郎：映像作品における効果音の役割，音楽音響研究会資料，MA2016-52（2017）

6 聴　能　形　成 —音の感性を育成するトレーニング—

音のプロフェッショナルにとって，音に対する鋭い感性は不可欠である。本章では，音響設計技術者に必要とされる「音の感性を育てる」ために実施してきた「聴能形成」について紹介する。聴能形成では，音の違いがわかる能力，聴覚的印象と音響特性の関係がわかる能力，音響特性から音がイメージできる能力を獲得するためのトレーニングを実施する。

6.1 「聴能形成」は音に対する鋭い感性を養成するための授業科目である

九州大学（2003年9月までは九州芸術工科大学）芸術工学部音響設計学科は，学科レベルでは日本でただ一つ音響分野の専門教育を行っている高等教育機関である。こういった学科は，世界でもあまり例を見ない。九州大学は福岡市に位置するが，全国各地から音響の専門家を目指す学生がやってくる。「聴能形成」は，音響設計学科のカリキュラムの一環として，音響技術者に必要とされる音に対する感性を育てる目的で実施している訓練を中心とした授業科目である[1)]。

音響設計学科が掲げる教育目標は，総合的な設計能力を有する音響設計技術者を養成することである。「総合的な」とことわっているのは，単なる技術者を育てるわけではないという意志を明示的に表している。音響設計学科では，音を文化として理解し，音に対する鋭い感性を備えた，音響設計の専門家を養成する。彼らが実践する「音響設計」とは，総合的立場から人間に適合した音文化，音響情報，音響環境を計画するための創造活動なのである。そのため，音響設計学科の教育は，音に関わる知識を「学際的」に学ぶことを基本としている。総合的に音を学ぶカリキュラムの中で，「聴能形成」は音に対する鋭い感性を養成する役割を担う。

6.2　音響設計技術者に必要とされる「音の感性」

音に関するさまざまな仕事に従事するためには，音に関する幅広い知識，最新の技術動向に関する知見とともに「音に対する鋭い感性」を必要とする。「聴能形成」とは，音響設計技術者（音のプロフェッショナル）が必要とする「音に対する感性」を体系的に修得する訓練手法のことである。

一口に「音に対する感性」といっても，いくつかの側面がある。最も基本的な能力は，「音の違いを聴き分ける」ことである。音の違いに気がつく能力を養成する訓練が，聴能形成の最初のステップとなる。

しかし，それだけでは十分ではない。音響設計技術者になるためには，音の違いを「音の物理的特徴と関連づけて表現できる能力」を身につけなければならない。音響設計技術者の世界では，音の物理的特徴を表すために，さまざまな専門用語が用いられる。音響設計技術者には，音の聞こえの違いを周波数（Hz）や音圧レベル（dB）といった音響の専門用語を使って適切に表現できる能力が必要とされる。聴能形成の中心的課題は，音の感覚の違いを音の物理的特徴と関連づけて表現できる能力を習得することである。

さらには，「音の違いをイメージできる能力」を修得する必要もある。音響設計技術者は，音響用語で表現された仕様書や設計案を見て，音を正確にイメージしなければならない。例えば，音響機器を操作するような場合，操作によって音がどんな風に変わるのかを操作する前にイメージできることが求められる。また，本や論文に出てくる各種の音響特性，音響条件を具体的にイメージできると，その内容をより深く理解し，実践的な知識を修得することができる。物理的特徴に対応して音の違いをイメージできる能力は，音の感覚の違いを音の物理的特徴と関連づけて表現できる能力を習得することによって獲得される。

聴能形成は，音に対する感性を音に対する知識と対応づけるトレーニングともいえる。聴能形成を通して，音を聴く態度を修得し，物理的特徴と関連させた音の記憶を蓄えていく。聴能形成は，「脳」をトレーニングすることでもある。聴能形成はよく「聴脳形成」と間違えられるが，そちらの表現も間違ってはいない。

こういった音に対する感性は，現場での経験によって培われるものと考えられてきた。音に関わるプロフェッショナルは，日常の業務の中でのさまざまな体験を通して音に対する感性を磨いてきたのである。聴能形成は，擬似的なものではあるが，さまざまな音を聴く体験を多角的かつ体系的に学生に与える教育である。こうした豊富な音体験により，あらかじめ音に対する勘を養っておくことで，スムーズに現場にとけ込めるようになる。

6.3 九州大学芸術工学部音響設計学科における聴能形成のカリキュラム

聴能形成の教育は，九州芸術工科大学が開学した当時（1968 年）から音響設計学科のカリキュラムの一環として開始され，2003 年 10 月に九州大学に統合された後も継続して実施されている。開学当初は「聴覚形成」という科目名で，ドイツのデトモルト北西ドイツ音楽アカデミー（現在は，デトモルト音楽大学）におけるトーンマイスター（録音エンジニア）を養成する課程の Gehörbildung を参考にして開設された。Gehörbildung は，録音エンジニアを対象としてはいたが，音楽系の教育機関で実施していたため，音楽教育のソルフェージュに似た内容だったようである。

1969 年に私の恩師でもある（故）北村音一教授が九州芸術工科大学に赴任し，音響設計学科の教育目的に合うように聴覚形成の内容を再構成し，名称も「聴能形成」に改め現在の聴能形成の基礎を築いた。聴能形成は，「聴能形成

Ⅰ」および「聴能形成Ⅱ」という名前でカリキュラムに組み込まれた。当初は両科目とも通年の科目だったが，カリキュラムの変更により現在は両科目とも半期の科目になっている。

現在，聴能形成Ⅰは1年生の前期，聴能形成Ⅱは2年生の前期開設の授業科目となっている。2013年度までは聴能形成Ⅰ，Ⅱとも，九州大学大橋キャンパスに設置された専用の教室で実施してきた（九州芸術工科大学時代は，キャンパスは大橋のみ）。**図6.1**に，この教室で実施している聴能形成の授業の様子を示す。九州大学の1年生は，主として伊都キャンパス（2008年度までは六本松キャンパス）で授業を受けていたが，週1回は大橋キャンパスで授業を受けていたため，この日（通称，大橋日）に聴能形成Ⅰを受講していた。

図6.1　聴能形成の授業の様子（九州大学大橋キャンパス）

2014年度からの九州大学のカリキュラム変更に伴い，1年生は伊都キャンパスで主として基幹教育（かつての一般教育に相当する）に取り組むこととなった。専門教育の授業科目は，前期，後期に各1科目が割り当てられるのみで，伊都キャンパスの教室で実施することになった。1年前期の1科目に聴能形成Ⅰが割り当てられ，音響設計学科1年生が初めて受講する唯一の専門科目となった。通常の教室での受講となったが，音響設計学科の1年生が聴能形成Ⅰを受講することで，音響設計学科の一員となったことを自覚する状況はいまも続いている[2)]（聴能形成Ⅱは，現在でも大橋キャンパスで実施している）。

6.4　聴能形成Ⅰ — 聴能形成の基礎コース —

聴能形成Ⅰは，訓練の導入段階として，ペアにした二つの音の違いを答える訓練から開始する。「高さの弁別訓練」では，周波数の異なる純音のペアを学生に提示し，どちらの音が高いのかを答えさせる。音の高さ以外にも，「音の大きさ（どちらの音が大きいのか）の弁別訓練」と「音色（スペクトル）の弁別訓練（同じか違うか）」を行っている。音の高さ，大きさ，音色は「音の3要素」といわれ，音の聞こえの側面において最も基本的な性質である（1.1節参照）。このような訓練は，音の違いに対する感受性を高めることに主眼を置いたものである。

このような違いを聴き分ける弁別訓練を数回繰り返した後，音の違いを識別する訓練に移行する。音の識別訓練では，音の違いに気づくだけでなく，その違いを生じさせている音響特性が認識できるような能力を養成する。この種の訓練が，聴能形成の中心的な課題である。

聴能形成Ⅰでは，最も基本的な音の物理的性質である，周波数，音圧レベル，スペクトルについての識別訓練を行っている。このような訓練を通して，音響に関する基本的な物理的性質に対する聴覚的な「勘」を養う。識別訓練では，訓練用音源を物理的性質と対応させながらひと通り学生に聴かせ，この間に聴感上の音の特徴を憶えさせる。その後に，訓練用音源をランダムに提示して，聴き分け訓練を行う。

周波数の単位である「ヘルツ（Hz）」に対する「勘」を養うために，「純音の周波数判定訓練」を行っている。この訓練では，125 Hz，250 Hz，500 Hz，1 kHz，2 kHz，4 kHz，8 kHz（周波数は，オクターブ刻み）の純音をランダムに提示し，学生はその周波数を判定する。各音はかなり特徴のある音色をしており，この系列のようなオクターブ間隔の周波数の違いに関しては，学生はすぐにその特徴を憶える。この課題を通して，周波数が音の高さと音色を規定する最も基礎的な物理的性質であることを，学生に理解させることができる。この訓練と同時期に，バンドノイズを音源として，中心周波数を判定させる「バンドノイズの中心周波数判定訓練」も行っている。両課題を通して，離散スペクトル（純音）と連続スペクトル（バンドノイズ）の音色の違いも理解することができる。

「音圧レベル差の判定訓練」は，音の主観的な大きさの違いを，音圧レベルの差と対応できる能力を養うためのものである。音響関係の分野では，音量の単位としては「dB（デシベル）」が広く用いられている（1.2 節参照）。騒音の環境基準，防音壁の遮音性能，聴覚障がいの程度など，音響に関する多くの指標が「dB」を単位として規定されている。5 dB の差はどの程度の音の大きさの違いと対応するのかというような，「dB」という単位に対する「勘」を養っておくことは，音響設計技術者としては欠かせない課題である。この訓練により，サウンドレベルメータ（騒音計）で示される dB 値の変化を音の大きさの感覚の変化と関連づけられるようになる。

この訓練では，基準音（音楽再生音の一部など）と基準音を減衰させた音を対提示して，何 dB 低下したかをあらかじめ用意したカテゴリーで答えさせる（比較音を減衰させない場合を含む）。カテゴリーは 10 dB 刻み（0 ～ −30 dB），5 dB 刻み（0 ～ −20 dB および 0 ～ −30 dB），2 dB 刻み（0 ～ −10 dB）のものがある。5 dB 刻みの訓練まではわかりやすいが，2 dB 刻みの訓練はかなり難しい課題である。音圧レベル差の刻み幅やカテゴリー数の違いによって，識別の難易度が違うことを理解することも，聴能形成では重視している。

図 6.2 に，5 dB 刻み（5 dB ステップ）の音圧レベル差の判定訓練における訓練ごとの正答率を示す。この訓練は，訓練日ごとに 2 回ずつ行っている。毎

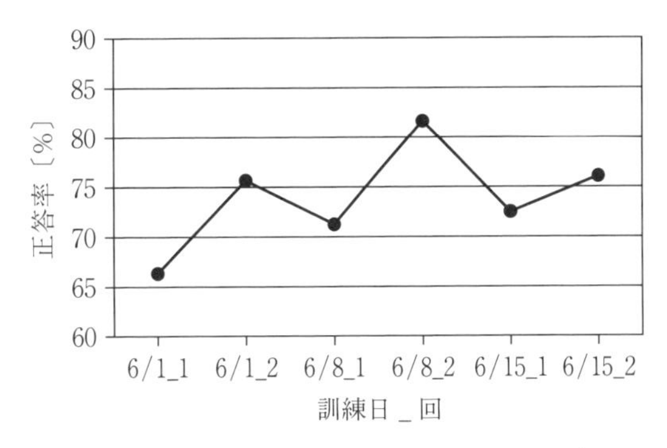

図 6.2　音圧レベル差の判定訓練・5 dB ステップ（0 ～ −20 dB）の訓練効果（訓練ごとの正答率）

回2回目のほうが成績は良くなり，成績のピークは2回目の訓練日の2回目であるが，大ざっぱにはしだいに成績が向上する様子が見られる。こういった判定能力は，訓練時のピークの状態よりは低下することもあるが，しばらくたった後でもある程度維持されている。

スペクトルに関する課題の一つは，「周波数特性の山づけ周波数判定訓練」と呼んでいるものである。この訓練では，音楽再生音の特定の周波数帯域を強調した音源を用いる。この課題では，オクターブ間隔の周波数帯域（中心周波数は125 Hz，250 Hz，500 Hz，1 kHz，2 kHz，4 kHz，8 kHz）を10 dB増幅させている。最初，低域の四つの周波数カテゴリー，高域の四つの周波数カテゴリー（1 kHzは共通する）で訓練を実施し，ある程度慣れてから全帯域を解答させる訓練を実施している。

学生には，加工を加えない原音と比較することにより，どの周波数帯域が増幅させられたのかを判定させる（原音同士を提示した「同じ」場合を含む）。このような訓練を通して，音響再生系の特性の違いが音色にどのように影響するのかを実感させるとともに，各周波数帯の特徴を記憶させる。こういった音楽を用いた訓練では，いくつかの音楽を利用して，音楽が変わったときにも特徴が捉えられるように工夫している。この訓練を通して，スピーカなどの音響機器の周波数特性の違い，イコライザの調整（500 Hzを中心とした帯域を持ち上げるなど）などを聴感上の変化と対応させることができる。

図6.3に，中心周波数を125 Hz ～ 1 kHzの低域に限った条件で行った周波数特性の山づけ周波数判定訓練の訓練ごとの正答率を示す。この例では，最初67%だった正答率が78%に向上している様子が示されている。

さらに，スペクトルに関しては，「調波複合音（周期的複合音）の成分数判定訓練」も行っている。この訓練では，基本周波数が200 Hzで，成分数（倍音の数）を1（純音），2，3，5，7，10とした音源を用いて，成分数を判断させている。この課題は，より直接的にスペクトルと音色の対応関係を実感できる課題である。

聴能形成Ⅰでは，入学直後の学生を相手にしていることもあり，訓練と並行

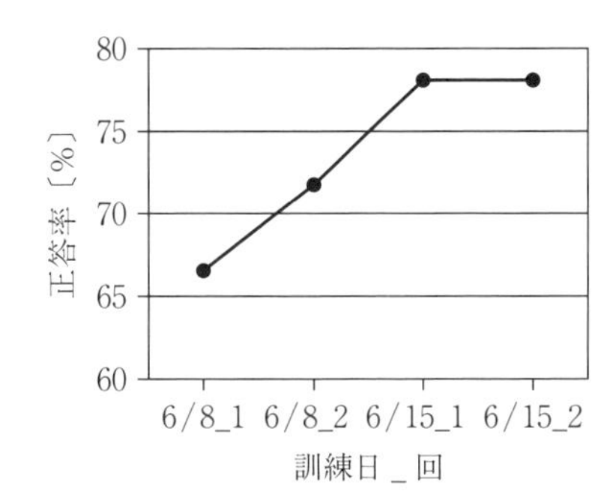

図 6.3 周波数特性の山づけ周波数判定訓練・低域（125 Hz ～ 1 kHz）の訓練効果（訓練ごとの正答率）

して，音や聴覚に対する基礎知識に関する講義や理解を助けるデモンストレーションを行っている。デモンストレーションの内容は，純音の周波数，振幅，複合音や音楽再生音のスペクトルなどの解説と合わせて，波形やスペクトルを視覚的に表示しつつその変化を音の変化と対応させる，音圧レベルの解説と合わせてサウンドレベルメータ（騒音計）でいま聞いているまわりの音環境の騒音レベルを測定させるなどである。このようなデモンストレーションは，音の物理的性質を理解し，訓練の意義を認識させるのに効果的である。

また，学期の最後には，授業の感想とともに「聴能形成のねらい」についてレポートを書かせ，学生自身にこういった訓練の意義を自分自身で考えさせる機会を設けている。学生のレポートの内容から，聴能形成Ⅰを受講することで音のプロフェッショナルへの道の第一歩を踏み出したことを自覚している様子をうかがうことができる。

6.5 聴能形成Ⅱ ― 聴能形成の上級コース ―

聴能形成Ⅰでは，音を規定する物理的特徴と自分自身の聞こえの対応関係を体得することに主眼を置いている。聴能形成Ⅱでは，さらにその音が一般にどのように知覚されているのかといった音響心理学的な知識を与えながら，訓練を進めている。特に，音色，音質に関しては，訓練と合わせて，講義を通して系統的な知識を修得してもらう。

聴能形成Ⅱでも，音のスペクトル構造に関わる訓練は継続する。周波数特性の山づけ周波数判定訓練だけではなく，ある帯域以上，以下をカットしたときの「遮断周波数判定訓練（高域カット，低域カット周波数判定訓練）」も行っている。

聴能形成Ⅱでは，聴能形成Ⅰで実施した調波複合音の成分数判定訓練を繰り返すとともに，「スペクトル・エンベロープの傾き判定訓練」を行い，スペクトルに対する勘を向上させるとともに音質評価指標の一つとしてのシャープネス（sharpness）について講義し，高域にエネルギーが推移するとともに音の印象が「鋭く，明るく」（対照的に，低域に推移すると，「鈍く，暗く」）なることなど，スペクトルの知覚に対する知識を深めてもらっている。スペクトル・エンベロープの傾き判定訓練は，基本周波数と成分数を一定にして，スペクトル・エンベロープの傾きと音色の対応関係を修得させる課題である。スペクトル・エンベロープの傾きとしては，1オクターブ当り各成分の音圧レベルが何dB低下あるいは増加するのかの変化をさせている。この訓練では，スペクトル・エンベロープの傾きは，－12，－6，0，＋6，＋12 dB/オクターブとしている。

音質評価指標としては，変動強度（fluctuation strength：振幅のゆっくりとした変動に対する感覚）およびラフネスあるいは音のあらあらしさ（roughness：振幅の速い変動に対する感覚）についても講義を行い，変動音の知覚過程を理解させるとともに，「振幅変調音の変調周波数判定訓練」を実施し，振幅の周期的変化に関する勘も養う。この訓練では，440 Hzの純音に2，4，7，10，20，40，70，140回/秒の振幅変調を施して，それぞれの感覚の違いを覚えてもらう。

ボーカルと伴奏の音圧レベルのバランスを変化させ，標準的なバランスに設定した基準音でのボーカルと伴奏のバランスを0 dBにしたときに，ボーカルのレベル変化を判定するといった「レベルバランス判定訓練」も実施している。この訓練は，音楽制作におけるミキシングの現場のような，実際の状況に近い条件での訓練ということになる。

さらに，聴能形成Ⅱでは，残響時間（定常状態の音が60 dB低下するまでの時間），信号対雑音比（SN比：信号とノイズ（雑音）のレベル差），量子化ビット数（アナログ信号をディジタル信号に変化するときの刻み幅）の違いを聴き分ける訓練も実施している。

「残響時間判定訓練」では，各種の音源の残響時間を変えた音を提示し，残響時間を解答させる。この訓練の音源としては，ノイズ，インパルス（紙鉄砲の無響室録音），音楽（無響室録音）の原音に残響を付加したものを用いている。この訓練を通して，建築音響の設計指標として重要視される残響時間と響きの関係を対応させることができる。

「SN 比判定訓練」では，純音とノイズをさまざまなバランスで同時に提示し，そのレベル差を解答させる。SN 比は，音響伝達特性の質を左右する重要な特性である。

「量子化ビット数判定訓練」では，各種の量子化ビット数で符号化した音楽再生音をシミュレーションし，量子化ビット数を解答させる。この訓練を通して，ディジタル信号に変化するときの刻み幅を小さくすることによって音質が向上することを実感させることができる。

また，サウンドスケープの概念（4 章参照）を取り入れ，日常生活の中で聞こえる音に興味を持たせるようなサウンド・エデュケーションの時間も設けている。この課題では，サウンドスケープの概念を講義したあとで，サウンドウォーク（屋外を散策させ，聞こえた音，その音の性質について回答させる）を実施する。聴能形成Ⅱでは，このような環境の中の音に対する感性を磨く機会も設けている。

聴能形成Ⅰに関しては毎年の内容はほぼ固定化しているが，聴能形成Ⅱに関しては技術の進歩や社会状況の変化に対応した新たな内容を試行しつつ教育を行っている。新しい課題を開始するときには，訓練の難易度をどの程度に設定するのかには苦労する。小さな差まで聴き分けられるような能力を習得させることが理想ではあるが，あまりに難しいレベルの課題だとだれもできないこととなり，授業への参加意欲も低下してしまう。適切なレベルの課題にするまでには，試行錯誤を重ねているのが実情である。また，訓練にふさわしい音源を見つけ出すのもそう簡単なことではない。

6.6 聴能形成教育の普及

九州芸術工科大学芸術工学部音響設計学科の卒業生が社会で活躍するようになって以降，企業の中でも聴能形成が取り入れられるようになってきた。日東紡音響エンジニアリング（現在，日本音響エンジニアリング），本田技術研究所，松下電器（現在，パナソニック），ケンウッド，アルパインなどでは，ずいぶん前から聴能形成訓練を取り入れていた。アルパインでは現在も継続しており，社内教育に聴能形成を取り入れた活動がテレビ東京の「潜入！大ヒットの裏側　女性注目ウワサの会社」（2012 年 8 月）という番組の中で紹介されるなど，聴能形成訓練は注目される活動となっている。

聴能形成は，東京藝術大学音楽学部音楽環境創造科などでも実施されているように，教育機関にも広まってきた。金沢工業大学，東京情報大学，駿河台大学などでも，聴能形成がカリキュラムに取り入れられている。1995 年度から 1997 年度まで九州芸術工科大学芸術工学部音響設計学科に在籍されたルフィン・マカレビッツ教授が，在任中に聴能形成教育に興味を覚え，ポーランドに帰国後アダム・ミツキェビチ大学に聴能形成教育を導入している。

6.7 自動車の異音検査への適用

自動車内の音の質が製品イメージ形成に重要な要素になっているが（2 章参照），部材の取りつけ不良などによって生じる「カタカタ」あるいは「ビリビリ」といった異音が聞こえると，それだけで製品イメージが台なしである。自動車の信頼性も，著しく損なわれるだろう。

自動車メーカでは，出荷前のテスト走行で異音が生じていないかどうかを検査し，異音の生じるような製品が市場に出ていかないように細心の注意を払っている。このときの異音の判断は，検査員の耳に委ねられている。

私たちの研究室では，自動車メーカからの依頼により，自動車の異音検査員の教育に聴能形成訓練と同様な手続きに基づく異音検査訓練が有効ではないかと考え，その効果を検証した[3]。まず，自動車走行中に含まれる異音の大きさを5段階に変化させ，そのランクづけを行うという異音検査のシミュレーション実験を行ったところ，平均正答率は約46％であった。この異音検査シミュレーションを正答のフィードバックを行いながら2回実施したのち，同じシミュレーション実験をしたところ，正答率は75％に上昇した。

聴能形成訓練の手法を適用した異音検査訓練の実施により，異音検査能力は向上することを実証した。このような聴能形成訓練を実施することにより，検査員は効率的に異音検査能力を修得することができそうである。

6.8　音響関連メーカにおける聴能形成訓練導入への協力

聴能形成の導入に興味を持つ企業もかなりあるが，企業が聴能形成を導入する際に障害となるのが，導入や運営に対する人的資源やノウハウがないことである。私たちは聴能形成訓練を導入しようとするヤマハの依頼を受け，スムーズに導入できるように協力を行った[4]。

最初に，導入企業における推進者および実務担当予定者との打ち合わせにより，聴能形成導入の目的を議論し整理した。その結果，技術者向けの技能訓練だけではなく，全社的な従業員の資質向上のための訓練としての導入を想定することとなった。

そのために，私たちが持つ聴能形成の授業運営，カリキュラム開発および訓練システムの開発についてのノウハウを提供することになった。まず，私たちが企業に赴き，実際に行っている運営形態およびカリキュラムを，ヤマハの社員を対象としてそのまま試行することから聴能形成の導入を開始した。その試行を踏まえ，授業運営に関する業務分析，カリキュラムの整理・開発，音源開発およびシステム開発支援を行い，企業側でも試行訓練を実施した。

その後，ヤマハで独自の訓練用システムを開発し，新人教育などを中心として社内で聴能形成訓練を実施している。受講者のアンケートでも，聴能形成訓練の効果が高く評価されている。

6.9 聴能形成教育普及のさらなる展開

実際に聴能形成に取り組んだり，興味を持ったりする教育機関や企業の間で情報交換も行われるようになってきている。日本音響学会音響教育調査研究委員会（現在は，音響教育委員会）が主催した「音を聴いて学ぶ教育プログラム」をテーマに掲げた研究会（2011 年 1 月）では，10 件の発表のうち 6 件が聴能形成に関するものであった。

ポーランドのショパン音楽院やカナダのマギル大学などでも，音響エンジニアの養成を想定して，以前から聴能形成と類似した訓練が実施されている。韓国の東亜大学校では，九州大学と同様の内容の聴能形成訓練を試行し，学生より高い評価をもらっている[5)]。

オーディオ工学学会（AES）の国際会議（2011 年 10 月，2012 年 4 月）や日本支部の国内会議（2012 年 10 月）においては，聴能形成などに関する情報交換を目的にしたワークショップも開催されている。こういった場では，聴能形成訓練を実施することで，グループ内で音のイメージを共有できるといった効果も指摘されている。また，訓練用の標準音源の開発なども提案されており，今後そういった動きが出てくることも予想される。

さらに，2010 年度より，九州大学芸術工学部音響設計学科では，公開講座として，聴能形成の導入を検討している組織における実務者担当者を養成するための「聴能形成実務担当者養成講座」を実施している[6)]。この講座では，実際に聴能形成を体験してもらうだけではなく，聴能形成の概要の説明，訓練運営上の注意すべき点，訓練用音源の制作法などについて実践的なノウハウを含めた講座を行っている。また，この講座では，聴能形成の実務を担当するスタッフが一同に集うということで，相互の情報交換の場にもなっている。

私たちが行ってきた聴能形成は，体系的なカリキュラムを志向したものだったが，企業で聴能形成を導入する場合にはより実践的なメニューが求められることもある。このような実践的な方向を志向する聴能形成の場合には，与えられた音に対して解答するというタイプの訓練とともに，受講者が与えられた課題に従って音づくりをしていくといったタイプの能動的な聴能形成訓練が有効ではないかと思われる。

6.10　聴能形成訓練システム

聴能形成の授業では，さまざまな訓練用音源の制御や学生の解答集計のために専用のシステムを用いている[7)]。聴能形成訓練用システムとしては，技術の進歩に合わせて何回か更新してきたが，現在のシステムは2010年度から利用しているものである。

このシステムは，ホスト・コンピュータ（OSはウィンドウズ）とウィンドウズ・モバイルOSを搭載した携帯情報端末（PDA）によって構成されている。ホスト・コンピュータは，訓練用音源の提示，学生の応答の集計を行う。訓練用音源はホスト・コンピュータのハードディスクに貯えられ，訓練に応じて選択され，教室前面のスピーカより提示される。この音を聴いて，学生はPDAを利用して応答（解答）する。各PDAは，ホスト・コンピュータからの制御により，画面の切り替えや学生の応答データの送信を行う。

応答装置としてPDAを用いたのは，安価な市販品である，故障時の対応が容易，メッセージを表示できる，コンパクトで場所を取らない，ファンやハードディスクを内蔵しないため騒音を出さない，システムの開発が容易であるなどの理由による。PDAとホスト・コンピュータは無線LANで接続されている。

実際の訓練では，訓練項目に応じて「高い」「低い」（高さの弁別），「−10 dB」「−20 dB」など（音圧レベル差の識別），「125 Hz」「500 Hz」など（純音の周波数，バンドノイズの中心周波数，周波数特性の山づけ周波数判定訓練）といった解答パターン（ソフトウェアボタン）をPDAの画面上に表示し，学生は表示された画面上のソフトウェアボタンを専用ペンで軽くタッチする。表示された解答カテゴリーを直接選択するこの方式は，タブレット端末やスマー

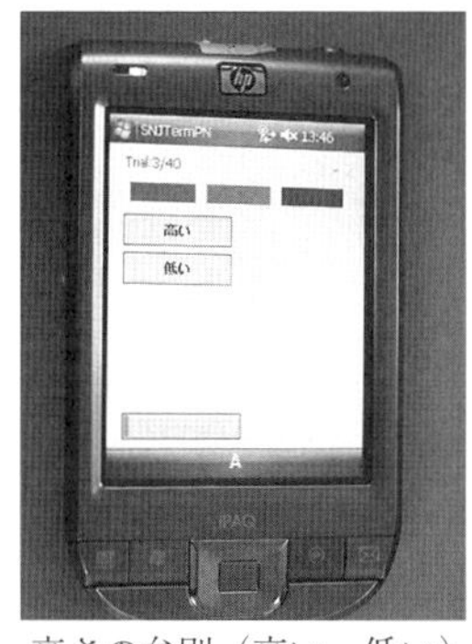

高さの弁別（高い，低い）

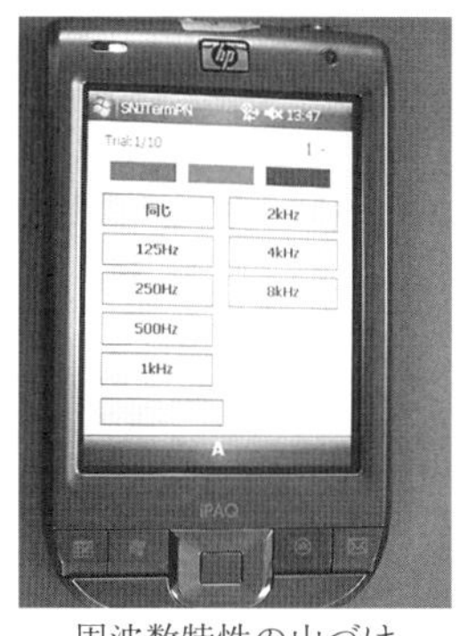

周波数特性の山づけ（125 Hz～8 kHz）

図 6.4　聴能形成で用いている PDA（携帯情報端末）で解答カテゴリーを示した画面

トホンを操作するような感じで，使い心地の良いインタフェースになっている。**図 6.4** に，訓練時の PDA の画面の例を示す。

ホスト・コンピュータは得られた解答を集計すると同時に，学生の解答が正しかったかどうかを PDA の画面上に配置した正答表示ランプによりフィードバックする。正答であれば緑色のランプ，誤答であれば赤色のランプ，惜しい（カテゴリーが一つ違う）場合は黄色のランプが点灯する。同時に，正解カテゴリーを画面上に表示する（意図的に正解を表示しない場合もある）。訓練の最後には個々の学生の正答率を画面に表示し，学生は自分の達成度を知ることができる。

学生は，このような方式の訓練をクイズ感覚で楽しんでいる。「音ゲー（音を使ったゲーム）」のようだとの感想をもらったこともある。特に初期の段階では，個々の解答に対する「正答」「誤答」のフィードバックに一喜一憂する。ただし，訓練中あんまり騒がしいと訓練の妨げになるので，訓練と訓練の間に「お喋りタイム」を設けて，この間に互いの成果を披露（自慢）しあってもらっている。一つの訓練では，10 ～ 50 程度の解答が求められる（訓練の種類，訓練用音源の長さによって異なるが，音楽を利用した訓練は通常 10 程度）。ホスト・コンピュータに集計したデータにより，訓練の達成度，難易度などを検討し，今後の訓練計画に役立てる。

本システムは，九州大学芸術工学部音響設計学科と日東紡音響エンジニアリング（現在は，日本音響エンジニアリング）で共同開発したものである。

さらに，2014年度からの伊都キャンパスでの聴能形成Iの開講に伴い（6.3節参照），ノートパソコンにホストの役割を持たせて，システムを可搬できるようにしている。

むすび ― 聴能形成とともに教員生活を送ってきた ―

私が最初に聴能形成の授業を受けたのは，1971年に九州芸術工科大学芸術工学部音響設計学科に入学した年だった。そのころでも，入学当初は音楽関係の科目以外の専門科目は聴能形成ぐらいで，「音響っぽさ」を感じることができる唯一の授業であったことを記憶している。そのときの感覚は，あとから入学してきた学生が聴能形成に持つ感覚と変わらないと思う。

その後，1977年度に九州芸術工科大学芸術工学部音響設計学科の助手に採用されて以来，2017年度まで教員として聴能形成を担当してきた。教員生活41年，一貫して聴能形成教育に関わってきたことになる。学生が授業を楽しんで受講できつつも，効果的な訓練内容，方法を探ってきたつもりである。聴能形成の訓練効果の実証や普及にも，前向きに取り組んできた。

現在の聴能形成の基礎を築かれた北村音一先生は，定年退官の後，聴能形成の著書を計画しておられたが，完成を待たずに他界された。その後，私たちが引き継ぎ，共著者とともに「音の感性を育てる ― 聴能形成の理論と実際 ―」（岩宮眞一郎，大橋心耳編著，音楽之友社，1996）を出版することができた。この著書により，多くの方々に聴能形成のことを知っていただいた。同僚や音響設計学科の卒業生と協力して，パソコンを用いて個人で訓練ができる「真耳パーソナル・エディション」（日東紡音響エンジニアリング，1997）の発行も行った。

1997年に日本音響学会音響教育調査研究委員会（現在，音響教育委員会）が設立され，「音響教育」に関して興味を持たれるようになって以来，日本音響学会などで聴能形成のことを紹介する機会も増えてきた。また，国際音響学会（ICA）などの音響関係の国際会議でも音響教育に関するセッションが多く開催され，聴能形成（Technical Listening Training）を紹介する機会をいただき，海外の方々にも広く聴能形成を知ってもらえた。

聴能形成の訓練効果については，受講学生や卒業生からの感想によると，良好な反応をもらっている。特に，聴能形成で獲得した「聴く姿勢」に関しては，さまざまな状況下で長期的に活かされているようである。

九州芸術工科大学および九州大学芸術工学部の音響設計学科において，「聴能形成」は学科を代表する授業であり，学生のアイデンティティ形成にも大きな役割を果たしてきた。「聴能形成」は，音のプロフェッショナルの養成に欠かせないカリキュラムなのである。

参 考 文 献

1）岩宮眞一郎：聴能形成―音に対する感性を育てるトレーニング―，日本音響学会誌，**69**，4，197-203（2013）

2）河原一彦，高田正幸，岩宮眞一郎：音響設計学科の教育における最初の専門科目としての「聴能形成」の導入，芸術工学研究，22，1-9（2015）

3）西山友幸，高田正幸，河原一彦，岩宮眞一郎：自動車走行音中の異音の判別における聴感訓練の有効性について，日本音響学会2004年秋季研究発表会講演論文集，919-920（2004）

4）Kazuhiko Kawahara, Masayuki Takada, Shin-ichiro Iwamiya, and Toshihiro Ito：Transferring technical listening training curriculum at the Department of Acoustic Design, Kyushu University, to a corporation in the acoustics industry, Acoustical Science and Technology, **37**, 4, 157-164（2016）

5）Ki-Hong Kim, Kazuhiko Kawahara, and Shin-ichiro Iwamiya：Case study of acoustic education for Korean music majors, Acoustical Science and Technology, **35**, 1, 62-65（2014）

6）Kazuhiko Kawahara, Masayuki Takada, and Shin-ichro Iwamiya：Training course for instructors of technical listening training, Acoustical Science and Technology, **37**, 4, 185-186（2016）

7）河原一彦，高田正幸，岩宮眞一郎：携帯情報端末を用いた聴能形成訓練システム―九州大学音響設計学科の事例―，日本音響学会誌，**71**，11，599-600（2015）

あ と が き
―「音のチカラ」に感謝を込めて ―

本書は，私が九州芸術工科大学，九州大学に在籍し，研究室で行ってきた研究活動を総括したものである。これまでにない視点で取り組んだ研究成果も多く示せたのではないかと思う。その足取りをたどっていただけるように，本書を出版した。

本書で紹介した研究のほとんどは，研究室の学生が，卒業論文，修士論文，博士論文のため実施したもので，すでに学会などで発表済みのものである。出版した書籍の中で紹介した成果も多数ある。学生諸君の頑張りが，ユニークな研究成果として結実した。学生諸君の頑張りに対し，心から感謝申し上げたい。ここで紹介した研究以外にも，学生諸君はすばらしい研究成果を残してくれた。当初はすべての研究を紹介したいと思っていたが，単なる論文集ではなくストーリー性を持った市販の書物とする関係上，泣く泣く割愛した研究もかなりある。割愛せざるをえなかった研究も，私が本書をまとめる上で大きなヒントを与えてくれた。これらの学生諸君にも，研究を紹介した学生諸君以上に感謝を表したい。また，同じ大学の同僚の先生方，共同で研究させていただいた方々にも，多大な協力をいただいた。皆様には，心から謝意を表したい。

本書では，「音のチカラ」に関して，考えてきたこと，得られた研究成果，さらにはそこからの展望について存分に書かせていただいた。本書によって「音」というものがいかに私たちの生活と密着しているかを理解していただけただろうか。目に見えない存在であるために，意識されないことも多いが，音は私たちの感性に訴えかけ，情動に働きかける。そんな「音のチカラ」を感じていただけただろうか。本書によって，「音のチカラ」に対する興味を深めていただければ，大変ありがたいと思う。

最後に，本書を出版する機会を与えてくださったコロナ社の皆様に深く感謝する。

索　　　引

―― 著者略歴 ――

1975年　九州芸術工科大学芸術工学部音響設計学科卒業
1977年　九州芸術工科大学専攻科修了
　　　　九州芸術工科大学助手
1990年　工学博士（東北大学）
1991年　九州芸術工科大学助教授
1998年　九州芸術工科大学教授
2003年　九州大学大学院教授
2018年　九州大学名誉教授
　　　　日本大学芸術学部特任教授
　　　　現在に至る

音のチカラ ― 感じる，楽しむ，そして活かす ―
Power of Sound：Feel, Enjoy and Apply

2018年1月10日　初版第1刷発行　★
2018年9月10日　初版第2刷発行

検印省略

著　者　岩宮（いわみや）眞一郎（しんいちろう）
発行者　株式会社　コロナ社
　　　　代表者　牛来真也
印刷所　萩原印刷株式会社
製本所　有限会社　愛千製本所

112-0011　東京都文京区千石 4-46-10
発行所　株式会社　**コロナ社**
CORONA PUBLISHING CO., LTD.
Tokyo Japan
振替 00140-8-14844・電話(03)3941-3131(代)
ホームページ　http://www.coronasha.co.jp

ISBN 978-4-339-00906-4　C3055　Printed in Japan　（新井）